·农民致富关键技术问答丛书·

甘蓝亩产5000元关键技术问答

董伟　沈基长　郭书普　编著

北京市科学技术协会支持出版

中国林业出版社

本书使用说明

● 本书配有 VCD 光盘，光盘与图书结合，充分发挥图书和视频的各自优势，生动直观，实用性强。

● 光盘中的视频目录一目了然，通过操作很容易切换相应的视频。

● 通过图书目录可检索光盘中相应的视频内容。

● 通过光盘视频目录，可检索光盘视频所讲内容在书中的位置。

图书在版编目（CIP）数据

甘蓝亩产 5000 元关键技术问答/董伟，沈基长，郭书普编著. -北京：中国林业出版社，2008.1
（农民致富关键技术问答丛书）
ISBN 978-7-5038-4649-6

Ⅰ. 甘… Ⅱ. ①董… ②沈… ③郭… Ⅲ. 甘蓝类蔬菜-蔬菜园艺-问答 Ⅳ. S635-44

中国版本图书馆 CIP 数据核字（2007）第 195828 号

出版：中国林业出版社（100009 北京市西城区刘海胡同 7 号）
网址：http：//www.cfph.com.cn
E-mail：public.bta.net.cn 电话：66184477
发行：新华书店北京发行所
印刷：北京昌平百善印刷厂
版次：2008 年 3 月第 1 版
印次：2008 年 3 月第 1 次
开本：850mm×1168mm 1/32
定价：15.00 元
（随书赠 VCD 光盘）

前　言

甘蓝是我国各地广泛种植的一种重要蔬菜作物，我国甘蓝播种面积达 1326 万亩。由于甘蓝具有不同熟性配套、适于不同季节栽培的品种，加之具有适应性广、抗逆性强等特点，它在蔬菜周年供应中占有重要地位。

春甘蓝生产具有易栽培、病虫害轻、品质佳、上市早、种植效益高、供应期长的优势。种植夏甘蓝高产高效。秋甘蓝一般产量高，耐贮运，对调节南北各地秋冬季蔬菜供应有重要作用。

近年来，甘蓝生产上也出现不少问题，如春甘蓝盲目提早播种期，秋甘蓝生产用早熟春甘蓝品种栽培，结果造成苗床死苗或中后期烂球的现象；亦出现因苗床防雨遮阳措施不力，遇暴雨、高温冲毁或烫伤幼苗的现象；还出现因中晚熟品种的播期延后，栽培秋甘蓝的有效积温不足而导致秋甘蓝不能正常成熟，甚至不能形成产量的现象，夏甘蓝病虫防治不及时造成减产和品质下降，等等。紫甘蓝、芥蓝、抱子甘蓝、球茎甘蓝、皱叶甘蓝、羽衣甘蓝等也有类似的问题。

本书针对生产上存在的一些难点问题，系统地介了甘蓝类蔬菜高产高效所必备的知识，深入浅出地回答甘蓝类蔬菜生产怎样选择适应的优良品种，怎样合理安排茬口，如何培育壮苗，怎样科学栽培，怎样识别病虫害，如何防治病虫害，供广大菜农参考。

限于作者的水平，加上受到时间、篇幅的限制，疏漏、谬误之处在所难免，恳请广大读者批评指正。

在编写本书的过程中，参阅了大量文献资料，在此一并向各位同仁表示感谢。

编著者

2007 年 8 月

目 录

3 紫甘蓝栽培技术

4 芥蓝栽培技术

5　抱子甘蓝栽培技术

6 球茎甘蓝栽培技术

7 皱叶甘蓝栽培技术

8 羽衣甘蓝栽培技术

9 甘蓝类蔬菜病虫害防治

《甘蓝亩产5000元关键技术问答》VCD光盘视频目录

甘蓝类蔬菜的营养价值和市场前景

甘蓝属于十字花科芸薹属一、二年生草本植物，栽培变种很多，主要有甘蓝、紫甘蓝、抱子甘蓝、球茎甘蓝、芥蓝、皱叶甘蓝、羽衣甘蓝等。甘蓝类蔬菜中，除了芥蓝是原产我国外，其他栽培变种都起源于地中海沿岸。结球甘蓝的茎短缩，顶芽发达，生长前期开放生长，后期心叶抱合生长，形成叶球；抱子甘蓝顶芽开放生长，腋芽抱合生长，形成小叶球；球茎甘蓝的顶芽开放生长，养分贮存于肥大的肉质茎内；花椰菜及青花菜形成肥嫩的花球或花枝；芥蓝则形成花薹。甘蓝类蔬菜在世界各地广泛栽培，以甘蓝栽培面积最大。芥蓝在中国广东、广西、福建、台湾等地广为种植。甘蓝类蔬菜的食用器官营养丰富，含多种维生素、矿物质，尤其富含维生素 C。可供炒食、生食或加工腌渍。

1 结球甘蓝的营养价值如何？市场受欢迎吗？（视频 1）

结球甘蓝（简称甘蓝）又称做洋白菜、包菜、圆白菜、卷心菜、莲花白、椰菜等。在世界各地普遍栽培，是欧、美洲国家的主要蔬菜。甘蓝起源于地中海至北海沿岸。自 16 世纪开始传入中国。是东北、西北、华北等较冷凉地区春、夏、秋的主要蔬菜，华南等地冬、春也大面积栽培。营养丰富，含有较多的维生素C和蛋白质。据测定，100克鲜菜中含蛋白质1.12克，碳水化合物3.4克，脂肪0.26克，粗纤维0.78克，胡萝卜素0.008毫克，硫胺素0.034毫克，核黄素0.034毫克，尼克酸0.26毫克，维生素C33.6毫克。

甘蓝是一种大路蔬菜，产量高，市场需求量最大，是国内的主食蔬菜品种，出口业务势头良好，主要以保鲜产品出口日本、韩国、俄罗斯及东南亚等地区。也有加工成脱水蔬菜出口。

蔬菜栽培有着很强的季节性的特点，容易出现淡季、旺季，甘蓝类蔬菜也不例外。利用保护地设施栽培蔬菜，可以实现反季节上市，甚至周年生产。与上市旺季相比，淡季蔬菜价格甚至可以高出几倍。例如，旺季时甘蓝的市场价格每千克约为0.6元，而淡季时每千克价格可以升至2元以上。

甘蓝的栽培要十分重视无公害蔬菜生产技术的推广和应用，国家农业部2001年就颁布了《无公害食品——甘蓝生产技术规程》，很多省、自治区、直辖市也发布了本地区的地方标准。如云南省玉溪市常年种植甘蓝约5万亩，亩产量4000多千克，总产量20多万吨，产品主要销往广州、深圳、长沙、武汉等国内大中城市。

甘蓝食用方法很多，可炒、煮、凉拌制成各种菜肴，也可以做泡菜、腌渍、干制及制罐等，已成为许多国家的重要蔬菜。

特别提示

> 结球甘蓝营养好，蔬菜市场少不了。
> 栽培季节有讲究，安全生产最重要。

2 紫甘蓝的营养价值如何？市场前景如何？（视频2）

紫甘蓝又称红甘蓝、赤甘蓝、紫圆白菜，是甘蓝中的一个类型，至于紫甘蓝之传入我国的时间更短，估计不到100年。紫甘蓝叶球为紫红，颜色艳丽，营养丰富。含有丰富的维生素C、维生素E、维生素B、花青素苷和矿物质等，尤其是维生素C的含量较高。据测定，每100克鲜菜含维生素C39毫克，维生素$B_1$0.04毫克，维生素$B_1$0.04毫克，胡萝卜素0.11毫克，尼克酸0.3毫克，糖类4%，蛋白质1.3%，脂肪0.3%，粗纤维0.9%，钙100毫克，磷56毫克，铁1.9毫克。紫甘蓝食用方法既可生食，也可炒食。但为了保持营养，以生食为好。如炒食的，要急火重油，煸炒后迅速起锅。

紫甘蓝引入中国较早，时间约在19世纪之前，但一直未受人们重视，栽培面积不大。近年来，由于中国对外开放，国际人员往来增多，宾馆、饭店需要增加，很多大、中城市郊区开始种植，产品开始流入市场，渐被市民接受，市场份额不断扩大。紫甘蓝耐热，产量高，耐贮运，是稀特蔬菜之一，经济效益很高。在欧洲地区主要作为色拉菜或西餐配色用，可用于生食、汤食、炒食。

特别提示

紫甘蓝形美色艳，稀特菜量价齐升。
盯市场安排生产，赢客户树立品牌。

3 芥蓝的食用价值如何？市场上好销吗？

芥蓝是中国特产蔬菜，源于中国南部，主要分布广东、广西、福建和台湾等省(自治区)。中国的北京、上海、南京、杭州等地有少量栽培。芥蓝以肥嫩的花薹和嫩叶供食用，质脆嫩、清甜。据测定，每100克新鲜芥蓝菜薹中含水92～93克，蛋白质2.37克、粗纤维0.64克、维生素C51～68毫克、钙176毫克、磷68毫克、钾353毫克、镁52毫克等。芥蓝茎粗壮直立、细胞组织紧密、含水分少、表皮又有一层蜡质，所以嚼起来爽而不硬、脆而不韧。苏东坡还曾写诗赞美它："芥蓝如菌蕈，脆美牙颊响"。

吃芥蓝的好处主要体现在以下几个方面：①芥蓝中胡萝卜素、维生素C含量很高，远远超过了菠菜和苋菜等被人们普遍认为维生素C含量高的蔬菜。②芥蓝中含有丰富的硫代葡萄糖苷，它的降解产物叫萝卜硫素，是迄今为止所发现的蔬菜中最强有力的抗癌成分，经常食用还有降低胆固醇、软化血管、预防心脏病的功能。③从中医的角度来讲，芥蓝味甘、性辛，有利水化痰、解毒祛风的作用。

芥蓝主要以肥嫩花薹及嫩叶供食用，质地脆嫩，清甜爽口，风味别致，食用时，不论做主菜或配菜，炒或泡，均不能制作过熟，才能保持质脆、色美、味浓的特色。主要食用方法有：热拌、炒食，近年来还有做速冻加工出口的。

芥蓝是广东、广西、福建等南方地区是一种很受人们喜爱的家常菜，更是畅销东南亚及港澳地区的出口菜。目前，随着人们生活水平的提高和旅游业的迅猛发展，北京、上海、成都等大中城市对粤菜的需求量也在不断增加，芥蓝已成为一种许多地区引种推广的蔬菜品种。销售售价也较高，具有很好的市场前景。

特别提示

芥蓝脆嫩多爽口，原是闽粤家常菜。
北方市场发展快，适度规模好挣钱。

4 抱子甘蓝在市场受欢迎吗？种植效益如何？（视频3）

抱子甘蓝俗称芽甘蓝、子持甘蓝，是十字花科芸薹属甘蓝种中腋芽形成小叶球的变种，原产地中海沿岸，由甘蓝进化而来。抱子甘蓝食用部分为腋芽处形成的小叶球，风味似甘蓝，却也具有自身独特的口味，纤维少，营养丰富。据测定，每100克可食用部分中含蛋白质4.9克，在甘蓝类蔬菜中是最高的。含脂肪0.5

克，糖类 8.3 克，维生素 A0.26 毫克，维生素 $B_1$0.14 毫克，维生素 $B_2$0.16 毫克，维生素 C100～150 毫克，纤维素 1.2 毫克，胡萝卜素 0.13 毫克，钙 35～40 毫克，磷 80 毫克，铁 1.5 毫克，以及微量元素铜、锌、锶、硒、钼等。

抱子甘蓝喜冷凉气候，耐寒性强，生长势强，栽培容易，在我国北方地区秋末、冬春可利用保护地生产以满足周年供应。

抱子甘蓝 19 世纪初逐渐成为欧洲、北美洲地区的重要蔬菜之一，在英国、德国、法国等国家种植面积较大，美国、日本等国家和地区也有栽培。近几年引入我国，在北京、广州、云南等省市已有种植。目前栽培面积较小，但价格较贵。例如，抱子甘蓝的市场价格通常都在每千克 10 元左右，主要是供应大型饭店和宾馆，百姓的餐桌上还不多见，不过随着许多新特蔬菜的发展，抱子甘蓝在我国的生产及市场是很有潜力的。

特别提示

抱子甘蓝真稀奇，腋芽变为小叶球；
市场尚是处女地，开发起来潜力大。

5 球茎甘蓝的种植效益如何？（视频 4）

球茎甘蓝又称苤蓝，营养价值很高，碳水化合物和含氮物质比甘蓝多 1 倍，维生素多 0.5～1 倍。球茎甘蓝中以紫色球茎营养含量最高。据测定，每 100 克紫色球茎可食部分含蛋白质 5.9 克，糖 11 克，粗纤维 4.1 克，钙 81 毫克，磷 122 毫克，铁 1.1 毫克，还含维生素 C、胡萝卜素、维生素 B_1、维生素 B_2、尼克酸等成分。紫色球茎甘蓝的嫩叶也可食，营养成分更丰富。每 100 克叶中含水分 88 克，蛋白质 3.7 克，脂肪 0.6 克，碳水化合物 5 克，胡萝卜素 4.79 毫克，维生素 $B_2$0.3 毫克，尼克酸 1.3 毫克，维生素 C48 毫克，钙 590 毫克，磷 120 毫克，铁 4.5 毫克。

球茎甘蓝营养丰富，既耐贮藏，又耐运输，既能鲜食，又能热炒凉拌，还能腌渍成可口食品。对于丰富市场需求有很好前景，较受消费者欢迎。

6 皱叶甘蓝的种植效益如何？（视频5）

皱叶甘蓝别名皱叶洋白菜、皱叶圆白菜、皱叶包菜、皱叶椰菜，为十字花科芸薹属甘蓝种中能形成具有皱褶叶球的一个变种，二年生草本植物，是近年从欧美引进的特菜新品种。皱叶甘蓝与普通甘蓝的区别是片卷皱，而不像其他甘蓝的叶那样平滑。皱叶甘蓝的生长方式也不同，在营养生长期，皱叶甘蓝叶片薄壁组织生长快于叶脉，在较快的生长过程中，空间不足以使其伸平生长，因而形成皱褶隆缩。皱叶甘蓝质地细嫩、柔软、口感佳，芥子油味轻；其蛋白质、维生素、钙、镁、钾等营养成分含量明显高于普通甘蓝和紫甘蓝。据测定，每100克可食用部分含水分90.2克，还原糖2.27克，蛋白质1.33克，纤维素1.45克，维生素C68.5毫克，胡萝卜素0.106毫克，钾237.4毫克，钙61.3毫克，镁12.3毫克，磷48.4毫克，铁0.39毫克，锌0.22毫克等多种微量元素和维生素B_1、维生素B_2、维生素E等。

目前，市场上销售的皱叶甘蓝还较少，很值得去开发。

7 羽衣甘蓝的种植效益如何？（视频6）

羽衣甘蓝是甘蓝类的一个变种，接近甘蓝野生种，为一、二年生草本植物，原产地中海至小亚西亚一带，栽培历史悠久，如今在英国、荷兰、德国、美国种植较多，且品种各异，有观赏用羽衣甘蓝，亦有菜用羽衣甘蓝。我国引种栽培历史不长，尤其是菜用羽衣甘蓝是近十几年才有少量种植，也只是分布在北京、上海、广州等大中城市。观赏羽衣甘蓝由于品种不同，叶色丰富多变，叶形也不尽相同，叶缘有紫红、绿、红、粉等颜色，叶面有淡黄、绿等颜色，整个植株形如牡丹。菜用羽衣甘蓝淡绿色至绿色，叶柄比观赏羽衣甘蓝略长，因不同品种，叶形叶色略有差别，以采收卷曲的羽状嫩叶为蔬菜。

羽衣甘蓝比普通甘蓝营养价值高，维生素含量和矿物质含量特别丰富，尤其是维生素 A、维生素 B_2、维生素 C 和钙的含量，比一般甘蓝高得多。据测定，每 100 克嫩叶中蛋白质含量为 3.9 ~ 6 克，脂肪 0.6 ~ 0.8 克，糖类 7.2 ~ 9 克，维生素 A15 ~ 30 毫克，维生素 $B_1$0.6 毫克，维生素 $B_1$0.26 ~ 0.32 毫克，维生素 C12.5 ~ 18.6 毫克，钾 367 毫克、钙 225 ~ 289 毫克，磷 67 ~ 93 毫克，铁 2.7 毫克，锌 0.55 毫克，还含有锶、锰等微量元素。

常食羽衣甘蓝有健胃功能，还可保护血管，改善血液循环，对防治心血管病症有一定功能。因其含钙高且易吸收，也是补钙的首选蔬菜。

羽衣甘蓝喜冷凉气候，极耐寒，可忍受多次短暂的霜冻，耐热性也很强，生长势强，栽培容易，在我国北方地区秋末、冬、早春可利用保护地生产以满足周年供应，在甘蓝不能供应的季节中仍能上市以补充市场空白，作为一种高营养、易栽培的新兴蔬菜，羽衣甘蓝很有开发利用价值。

羽衣甘蓝的嫩叶有多种食用方法，可炒食、凉拌、做汤等。炒食可荤炒，也可素炒，风味清鲜。还可用糖醋加各种调料腌渍，也用于制作色拉。其嫩叶经沸水煮、烫或烹饪后，仍能保持鲜艳的绿色。羽衣甘蓝烹调后颜色愈加鲜绿，欧美多用其配上各色蔬菜制成色拉。

特别提示

甘蓝类蔬菜种类繁多，有大路蔬菜甘蓝、芥蓝，彩色蔬菜紫甘蓝、羽衣甘蓝，还有特种蔬菜抱子甘蓝、皱叶甘蓝；有的主要用于供应国内市场，有的主要用于出口创汇。由于地区及供应季节的不同，甘蓝类蔬菜栽培效益也相差较大。蔬菜的价格也常与地域有关。通常，在蔬菜产地价格较低，靠蔬菜调运来供应消费市场的，其价格就较高。此外，经济发达的大城市，蔬菜价格也比其他地方要高。例如，在广东芥蓝产地，每千克芥蓝售价1～2元；而同一时间，在北京，芥蓝的售价是每千克4～5元；在四川，球茎甘蓝价格约为每千克1元；而同一时间，北京的球茎甘蓝价格为每千克2～3元。

甘蓝栽培技术

甘蓝别名洋白菜、包菜、圆白菜、卷心菜、莲花白等，主要以叶球供食用。甘蓝16世纪传入我国，由于其具有适应性广、产量高、营养丰富、耐贮运等有点，因此传入我国后，发展迅速。在我国各地普遍栽培，栽培面积达600万亩以上，在叶菜类中栽培面积仅次于白菜，是东北、内蒙古、西北、华北等冷凉地区的主要蔬菜。南方除了最炎热的夏季外，均可播种，分期收获，在蔬菜周年供应上占有重要地位。

8 甘蓝营养生长期有哪些特点?

营养生长期是指开花植物的根、茎、叶等营养器官的生长。甘蓝的营养生长期可分为5个阶段，各个阶段的生长特点如下：

发芽期 从播种到第一对茎生真叶展开，与子叶垂直形成“十”字形的时期。不同的栽培季节，发芽期所需时间不同。夏秋季节温度较高，需15天左右，冬、春季节温度较低，需20天左右。这段时间主要靠种子自身贮藏的养分生长。

幼苗期 从第一片真叶开展到第一叶环形成，而达到团棵时为幼苗期。在不同的育苗季节也有不同。一般冬、春季40~60

天，夏、秋季25～30天。这时期根系不发达，叶片小，根吸收能力和叶片光合能力很弱，要加强肥水管理、温光控制，培育壮苗。

莲座期 从第二叶环出现到第三叶环的15～24片真叶开始达到结球时为莲座期。所需天数因品种熟性不同而不同，一般早熟种需15～20天，晚熟种需40天左右。此期叶片和根系的生长速度快，要加强田间管理，创造茎叶和根系生长最适宜条件，为形成硕大而坚实的叶球打下基础。

结球期 从开始结球到结球充实的时期。早熟品种短，晚熟品种长，一般需15～50天。此期应提供充足的肥水和温和、冷凉的气候条件，有利于叶球充实。

休眠期 除广东、广西、福建、台湾等地在露地直接采种外，从长江流域到北方，一般要经过90～180天的冬季贮藏，从而进行强制休眠。在此期内，种株在华南是在露地，长江流域和华北是在窖内缓慢通过春化而进行花芽分化，以形成潜伏的花薹。此时要掌握好露地安全越冬和贮藏种株的管理。

特别提示

甘蓝的营养器官是收获的主体，一般而言，收获硕大而坚实的叶球是栽培的目的。在生产中，从第一片真叶开展后，就要注意加强肥水管理、温光控制，以培育壮苗。莲座期是叶片和根系生长发育最快的时期。这个时期供给充足肥水，这是保证高产的基础。

9 甘蓝生殖生长期有哪些特点?

生殖生长期是指植物营养生长到一定时期以后，便开始形成花芽，以后开花、结果，形成种子。

甘蓝的生殖生长期可以分为3个阶段：①抽薹期。从种株主茎萌芽到主茎长出，一般需25～40天。②开花期。从始花到全株终花，一般需25～50天。③结角期。从花谢到角果变黄成熟。需30～45天。

甘蓝是冬性较强的作物，它通过春化阶段发育，所谓春化阶段是秋播作物在苗期必须经过一定时间的低温条件，才能正常抽穗开花，这个时期称为春化阶段。不经这个阶段，直接在春夏高温季节播种，虽有充足的光照和温度条件，也不能正常抽穗结实。

幼苗需要长到一定大小以后，才能接受低温感应，完成春化阶段发育，称为绿体春化型植物。甘蓝幼苗达到能接受低温时的大小，因品种而异。植株大小一般用植株的茎粗、叶片数目或叶片面积来表示。早熟品种茎粗要在0.6厘米以上，最大叶宽6厘米以上，具有7片真叶以上的幼苗。中、晚熟品种要在茎粗1厘米以上，最大叶宽7厘米以上，具10～15片真叶的幼苗。幼苗接受低温范围是0～10℃，而1～4℃时进行得最迅速，15.6℃以上则不能通过春化阶段。完成春化所需时间，早熟品种圆头形较短，需30～40天，尖头和平头类型较长，需60～80天。

特别提示

在甘蓝制种时，要特别注意甘蓝的生殖生长特点，冬前播种时要培育标准壮苗，以获得高产优质的种子。春化作用发生的温度一般为0～10℃。

10 甘蓝生长发育对温度有什么要求？

甘蓝对温度的适应范围较广，耐寒性、耐热性都很强，但喜温和冷凉气候。种子发芽的最低温度为2～3℃，10℃以上才能顺利发芽，最适发芽温度为20～25℃，刚出土的幼苗抗寒能力弱，具有6～8片叶的健壮幼苗耐寒、耐热性增强，能忍耐－5～－2℃低温；经过低温锻炼的幼苗，能忍耐短期－12～－8℃严寒。20～25℃适于外叶生长。进入结球期以15～20℃为适温，温度在25℃

以上，结球小、松散；昼夜温差大，叶球生长良好。叶球较耐低温，5~10℃叶球仍能缓慢生长。成熟的叶球耐寒力虽不如幼苗，但早熟品种的叶球可耐短期的－5~－3℃低温，中、晚熟品种的叶球可耐短期－8~5℃的低温。在抽薹开花期，适宜的温度为20~25℃，开花时如遇高温，则影响开花和结角，10℃以下的低温也影响正常结实，如遇到－3~－1℃低温，能使受冻害。

特别提示

甘蓝虽耐寒性、耐热性都很强，但喜温和冷凉气候。重点关注结球期的温度和昼夜温差大。

11 甘蓝生长发育对水分有什么要求？

甘蓝喜土壤水分多、空气湿润的环境，不耐干旱。适宜的空气湿度为80%~90%，土壤相对湿度为70%~80%。尤其对土壤湿度要求比较严格。结球前能忍耐一定的干旱，但结球期若土壤水分不足，则严重影响结球，降低产量。甘蓝不耐涝，如果雨水过多，土壤排水不良，往往使根系受渍害。

特别提示

甘蓝不耐干旱，要求土壤水分充足。良好的墒性是高产的基础。

12 甘蓝生长发育对光照有什么要求？

甘蓝是长日照作物，未通过春化前，充足的日照有利于营养期生长。在苗期和莲座期需要较强光照，否则易形成高脚苗。结球期，要求日照较短，光照较弱。同时甘蓝对光照强度适应性较广，南方秋、冬季和北方冬、春季育苗，都能满足对光照的需要。

在结球期，要求日照较短和光强较弱，所以一般在春、秋季节结球比在夏、冬季节好。因此，在北方春、夏季节栽培甘蓝，与玉米、番茄等高秆作物间作，可提高产量20%～30%。

特别提示

苗期和莲座期要加强光照，以防形成高脚苗。结球期遮光有利有生产高品质的产品。

13 甘蓝生长发育对土壤营养有什么要求?

甘蓝为喜肥、耐肥作物，栽培上要尽量选择肥沃的土壤，生长期间还需适量追肥。甘蓝在不同生长发育阶段对各种营养元素的需要量不同，苗期和莲座期需要较多的氮，特别是莲座期达到高峰。进入结球期则要较多的磷、钾肥和钙的供应。整个生长期吸收氮、磷、钾的比例一般以3∶1∶4为好。

甘蓝对土壤的适应性较强，从沙壤土到黏壤土都能种植。在中性到微酸性(pH值5.5～5.6)的土壤中生长很好。甘蓝耐盐性属中等，土壤含盐量在1.2%以下能正常结球。

特别提示

苗期和莲座期需要较多的氮，特别是莲座期达到高峰。进入结球期则要较多的磷、钾肥和钙的供应。

14 使用沼液对提高甘蓝产量、品质及土壤肥力有什么好处?

沼气是农村的新型能源，沼液通过管道输入田间作肥料。处理后的沼液经过无害化发酵处理，杀菌、减臭，菜农不再怕臭、怕脏、怕挑，提高了施用有机肥的积极性。

据浙江慈溪市实验，施1～2次沼液均能提高甘蓝蔬菜的品质和土壤肥力，主要体现在甘蓝可溶性糖、维生素C含量增加，土壤中有机质含量增加，土壤松散性、通透性等物理性状转好、易耕作，施沼液还能起到缓解土壤墒情作用，干旱时期既当追肥又能作抗旱灌溉。一般亩基肥用沼液4000千克、追肥用沼液2500千克、三元复合肥10千克、尿素10千克，最为理想，对提高产量、改善品质效果明显，且球体内质致密，适合在实际生产中推广应用。

特别提示

甘蓝莲座期是叶片和根系的生长发育最快的时期，这个时期供给充足肥水，这是保证高产的基础。如果是进行制种生产，就要使幼苗通过春化阶段。

甘蓝喜温和冷凉气候，不耐干旱，苗期和莲座期要加强光照，结球期如果光照强则结球松散。另外，苗期和莲座期要使用氮肥，结球期则多施磷、钾肥。

15 甘蓝品种是如何分类的？（视频7）

甘蓝种类很多，分类方法多种。根据叶球性状可分为尖头类型、圆头类型、平头类型；根据栽培季节可分为春甘蓝、夏甘蓝、球甘蓝、冬甘蓝；根据熟期的早晚，可分为早熟品种、中熟品种、晚熟品种。

16 甘蓝早熟品种有什么特点？主要品种有哪些？（视频8）

早熟品种从播种到初收叶球所需时间为100～120天，或从定植到初收在70天以内。早熟品种在叶球形态上多为尖头形或圆头形。选择适宜的品种是十分重要的，这里重点介绍生产上常用的一些栽培品种。

夏光 上海市农业科学院园艺研究所育成的一代杂交品种。该品种从定植至收获需 60 ~ 70 天。植株开展度 60 ~ 70 厘米，外叶 15 ~ 18 片，叶色灰绿，蜡粉较多。叶球扁圆形，紧实，单球重 2 千克左右。较早熟，耐热。抗黑腐病、病毒病的能力较弱。亩产可达 3000 ~ 3500 千克。适宜长江流域及华北地区种植，春、秋、秋冬季均可栽培。包心后期要适当控制水肥，以防叶球腐烂及黑腐病的发生。

中甘 8 号 中国农业科学院蔬菜花卉研究所育成的一代杂交品种。该品种秋季早熟，定植至收获 60 ~ 65 天。植株开展度约 60 ~ 70 厘米，外叶 16 ~ 18 片，叶面灰绿色，叶面蜡粉较多。叶球扁圆形，叶球纵径 12 厘米，横径 24 厘米左右，球内中心柱长 5 ~ 6 厘米。单球重 2 ~ 3 千克。抗芜菁花叶病毒病。亩产约 4000 ~ 5000 千克。适于我国各地作中熟秋甘蓝栽培，也可兼作中熟春甘蓝和夏甘蓝栽培。华北地区一般 6 月中下旬播种育苗，二叶一心时分苗，7 月下旬小高垄定植，每亩约栽 2700 株。

中甘 11 号 中国农业科学院蔬菜花卉研究所育成的早熟一代杂交品种。该品种从定植至收获 50 天左右。植株开展度 46 ~ 52 厘米，外叶 14 ~ 17 片，叶色深绿，叶面蜡粉中等。叶球近圆形，纵径 13 厘米，横径 12. 5 厘米，紧实，质地脆嫩，风味品质优良，不易裂球，抗干烧心病。单球重 0. 75 ~ 1. 0 千克。叶球脆嫩，品质优良，冬性较强，不易未熟抽薹，亩产 3000 ~ 3500 千克。适合全国各地作春甘蓝种植，尤其是北方地区种植。有的地区可以作早秋甘蓝栽培。华北地区 12 月下旬至第 2 年 1 月上旬在冷床播种育苗，或 1 月中下旬在温室播种育苗，2 月上中旬分苗，3 月下旬露地定植。每亩栽 4500 株，5 月中下旬收获。

中甘 12 号 中国农业科学院蔬菜花卉研究所育成的极早熟春甘蓝一代杂交品种。该品种极早熟，从定植到商品成熟 45 天左右。植株开展度40~45厘米，外叶13~16片，叶色深绿，蜡粉中等。叶球紧实，近圆形，叶质脆嫩，风味品质优良。冬性较强，不易未熟抽薹。单球重0.7千克，亩产可达3000~3500千克。主要适于我国北方地区春季露地种植，播种期不可过早，华北地区一般于1月中下旬在改良阳畦或温室育苗，2月下旬分苗。苗床应控制温度，防止幼苗生长过旺、过大，造成幼苗通过春化的条件而发生未熟抽薹。定植时间亦不可过早，一般在3月底4月初定植露地，每亩约5000~5500株。定植时幼苗以6~7片叶为宜。采取两次5~7天左右的小蹲苗，以控制苗子在前期生长过旺。

中甘15号 中国农业科学院蔬菜花卉研究所育成的中早熟春甘蓝一代杂交品种。该品种春季从定植到商品成熟55天左右。植株开展度45~48厘米，外叶14~16片，叶色绿，蜡粉较少。叶球紧实，近圆形，叶质脆嫩，风味品质优良。冬性较强、不易未熟抽薹。单球重1.3千克左右，亩产约4000~5000千克。适宜华北、东北、西北地区春季露地种植。在京、津等华北的一些地区可作秋季早熟栽培。亩栽4000株左右。

中甘17号 中国农业科学院蔬菜花卉研究所新育成的以春季为主的春秋兼用早熟甘蓝一代杂交品种。该品种从定植到收获约50天。植株开展度约45厘米，外叶约12片，叶色绿，蜡粉中等，叶球紧实，近圆形，中心柱长约6厘米，单球重约0.9~1.2千克，亩产约3500千克。叶质脆嫩，品质优良，较耐裂球，耐未熟抽薹，早熟性好。适于在华北、东北、西北地区及西南部分地区春、秋季露地种植。亩栽4500株。播种及定植均不可过早。

中甘18号 中国农业科学院蔬菜花卉研究所育成的早熟春甘蓝一代杂交品种。该品种从定植到收获约55天。植株开展度平均为43厘米×44厘米，外叶色绿，蜡粉中等，圆球形，叶球紧实，耐裂球，球叶深绿，叶质脆嫩，中心柱长5~7厘米，单球重平均0.9千克左右。早熟性好，抗病毒病和黑腐病。一般亩产5000~

6000 千克。适宜在我国华北、东北、西北等地区作早熟春、秋甘蓝栽培。华北地区早秋栽培，于6月底到7月上中旬播种，7月底至8月初定植。每亩定植密度以4000～4500株为宜。春季种植于1月中旬播种，3月下旬定植，每亩4500株。

中甘21号 中国农业科学院蔬菜花卉研究所育成的早熟春甘蓝一代杂交品种。该品种定植到收获约50天。植株开展度约52厘米，外叶约15片，叶色绿，叶面蜡粉少。叶球紧实，叶球圆球形，球色亮绿美观，叶质脆嫩，品质优。球内中心柱长约6.0厘米。抗逆性强，耐裂球，不易未熟抽薹。单球重约1～1.5千克，亩产约3800千克。适于华北、东北、西北及云南地区作露地早熟春甘蓝种植，长江中下游及华南部分地区可秋播，冬季收获。华北地区春露地栽培一般于1月中下旬在温室育苗，2月中下旬分苗。定植时间亦不可过早，一般在3月底至4月初定植露地，栽植密度为每亩4500株。

冬甘1号 天津市蔬菜研究所育成的一代早熟杂交品种。该品种从定植到叶球收获40～45天。株型紧凑，开展度40.6厘米×41.2厘米。外叶13～15片，叶深绿色，叶面蜡粉中等。叶球近圆形，黄绿色，球高12.7厘米，球径12厘米，球内中心柱长5厘米，紧实。抗寒性强，无未熟抽薹和干烧心。亩产3000千克左右。适宜华北地区种植。春季早熟保护地、露地栽培以及冬季日光温室栽培均可，春季栽培每亩定植4000～4500株，冬季栽培每亩定植3800株左右。

春甘1号 北京市农林科学院蔬菜研究中心育成的早熟品种。该品种定植后50天左右收获。开展度48厘米×48厘米，外叶数12片，叶球紧实，圆球形，叶质嫩脆，品质优良，冬性强，耐未熟先期抽薹，单球重1.0～1.2千克，亩产3500～4000千克，适于北方春季种植。华北地区于1月上、中旬播种，2月下旬分苗，3月下旬定植，每亩3500～4000株。苗期要控制温度，防止幼苗生长过旺、过大，造成春化的条件而发生未熟抽薹。定植后小蹲苗2次，以控制植株生长过旺，开始包心时注意追肥。

春甘3号 北京市农林科学院蔬菜研究中心育成的早熟一代杂交品种。该品种从定植到收获50～55天。植株开展度48厘米，外叶数14片，叶色鲜绿，叶球紧实，圆球形，较耐裂球。冬性强，耐未熟先期抽薹。叶质脆嫩，品质优良。单球重1.2千克左右，亩产3500～3800千克。适于北方春季种植。北京地区春露地栽培一般在1月上中旬冷床(阳畦)育苗，3月下旬至4月上旬定植，栽植株行距为50厘米×50厘米，为促进缓苗可在定植后覆盖地膜。

春甘45 中国农业科学院蔬菜花卉所最新育成的极早熟春甘蓝一代杂交品种。该品种从定植到商品成熟约45天。叶片倒卵圆形，叶面蜡粉较少。叶球浅绿色，圆球形、紧实，叶质脆嫩，风味品质优良。冬性较强、不易未熟抽薹，抗干烧心病。单球重0.8～1.0千克，亩产可达3500千克左右。主要适于我国华北、东北、西北及云南作春甘蓝种植，华南部分地区亦可秋种冬收。华北地区一般于1月中下旬在温室或薄膜改良阳畦播种育苗，2月中下旬分苗。苗床应控制温度，防止幼苗生长过旺、过大，造成幼苗通过春化的条件，而发生未熟抽薹。定植时间亦不可过早，一般在3月底4月初定植露地，每亩约4500～5000株。

极早40天 中国农业科学院蔬菜花卉所最新育成的极早熟春甘蓝一代杂交品种。该品种从定植到商品成熟约40天。植株开展度约40厘米，适于密植。外叶12～15片，外叶深绿色，叶面蜡粉中等。中球近圆形、紧实，叶质脆嫩，风味品质优良。冬性较强、不易未熟抽薹，抗干烧心病。单球重0.65千克左右，亩产可达3000千克以上。

主要适于我国华北、东北、西北及云南作春露地及保护地种植。华北地区春露地种植时可于1月中下旬在温室育苗，2月下旬分苗。苗床应控制温度，防止提前春化而发生未熟抽薹。定植时间亦不可过早，一般在3月底4月初定植露地，每亩约5000～5500株。

精选8398 中国农业科学院蔬菜花卉研究所育成的早熟品种。该品种从定植到商品成熟约50天。植株开展度40～50厘米，外叶12～16片，叶色绿，叶片倒卵圆形，叶面蜡粉较少。叶球紧实，圆球形，叶质脆嫩，风味品质优良，冬性较强，正常条件下不易未熟抽薹，抗干烧心病。单球重0.8～1.0千克，亩产可达3300～3800千克。适于我国华北，东北、西北及云南等地区春露地种植，华北、东北、华南、西南部分地区也可在晚秋种植。华北地区一般在1月中下旬在改良阳畦或温室育苗，2月下旬分苗。定植时间亦不可过早，一般在3月底4月初定植露地，每亩约4500株。

夏甘58 江苏镇江市农业科学所近年选育的早熟杂交品种。该品种从播种到初收需105天。夏甘58植株生长势强，株高32厘米，开展度60厘米左右，外叶数14～17，叶色浅绿，叶面蜡粉少。结球紧实，叶球近扁圆，球高12厘米，球径17厘米左右，中心柱长6.7厘米，中心柱宽2.6厘米，平均单球重1.6千克左右，口感脆甜，商品性好，高抗病毒病和黑腐病。耐热，较耐旱。亩产3500～4500千克。

适于长江流域及北方地区作夏秋早熟甘蓝栽培。亩栽2700～3000株。该品种由内向外包球，当叶球有一定大小时就相当紧实，为了获得较好的经济效益，可适当提前收获。

东农609 东北农业大学园艺学院育成的夏秋甘蓝品种。该品种生育期115～118天。植株展开度68～70厘米，株高30厘米，外叶数8～10片。叶球高15～17厘米，心柱高508厘米。叶球扁圆形，鲜绿色，紧实度在0.65以上。叶球重2.7千克。品质优良，球叶质地脆嫩。抗病毒病兼抗黑腐病。亩产5000千克。适宜黑龙江省秋季栽培。黑龙江省一般在5月下旬至6月中旬冷床播种育苗，苗龄40~45天。7月初至下旬定植，株行距为55厘米×(65~70)厘米。亩栽2300~2500株。一般在9月下旬或10月上旬收获。

17 甘蓝中熟品种有什么特点？主要品种有哪些？（视频8）

中熟品种从播种到初收叶球所需时间为120~150天，或从定植到初收叶球所需时间在70~100天。中熟品种在叶球形态上多为圆球形或扁圆形。

京丰1号 中国农业科学院蔬菜花卉研究所和北京市农林科学院联合育成的一代杂交品种。该品种从定植到叶球收获85~90天。开展度70~80厘米。外叶12~14片，近圆形，叶色深绿，背面灰绿，蜡粉中等。叶球扁圆形，球高14厘米，横径28厘米，结球较紧，球内中心柱高6厘米，宽4厘米。单球重2.5千克左右。生长整齐一致，杂交优势比较明显。抗病，适应性强。球叶肉质脆嫩，品质中上。冬性强，抗未熟抽薹。较耐寒，耐热，抗病毒病，不抗黑腐病。亩产4000~6000千克。

适合全国各地栽培。适宜春、秋栽培以及越冬栽培。作春甘蓝栽培，10月上中旬播种，11月下旬至12上旬定植，次年5月下旬至6月上旬采收。

中甘9号 中国农业科学院蔬菜花卉所选育的中熟一代杂交品种。该品种定植后约85天即可收获。植株开展度60厘米×70厘米，全株有外叶15~18片，深绿色，蜡粉中等。叶球扁圆形略凸，单球重3千克左右。叶球紧实，球内中心柱长6.5~7.3厘米，叶质脆嫩。抗病毒病，兼抗黑腐病。亩产5000~6000千克。适宜我国各地秋季栽培。亩栽2500~2700株。

中甘19号 中国农业科学院蔬菜花卉研究所选育的中熟品种。该品种从定植到收获约80天。植株开展度平均为68~69厘米。外叶深绿色，蜡粉多。扁圆球，叶球紧实，中心柱 7 厘米左右。抗病毒病和黑腐病。单球重平均 2.5 千克左右，亩产 5000 ~ 6500 千克。

适宜在华北、东北、西北等地区做秋甘蓝栽培。华北地区可在 6 月底至 7 月上旬播种，7 月底至 8 月初定植。由于育苗期正值高温多雨的夏季，育苗过程中要注意遮荫、防雨和降温，并及时做好防虫等管理。每亩定植密度以 2000 ~ 2500 株为宜。

庆丰 中国农业科学院蔬菜花卉研究所育成的中熟春甘蓝一代杂交品种。该品种从定植倒商品成熟 70 ~ 80 天。植株开展度 55 ~ 60 厘米，外叶 15 ~ 18 片，叶色深绿，蜡粉中等。叶球紧实，近圆形，单球重 2.5 千克左右。冬性较强，适于春季种植。丰产性好，亩产 6000 ~ 7000 千克。主要适于我国北方春季种植，华北地区一般于 1 月中下旬在改良阳畦或温室育苗，3 月底 4 月初定植于露地，每亩种植 3000 株左右，6 月上中旬上市。华北地区亦可在 6 月下旬育苗，7 月下旬定植，10 月收获上市。

西园 3 号 西南农业大学园艺系育成的秋甘蓝一代杂交品种。该品种定植到收获约 90 天。植株开展度 63 ~ 65 厘米。外叶 10 ~ 13 片，叶片绿色。叶球扁圆形，纵径 14 厘米，横径 26 厘米左右，球内中心柱长 6 厘米。单球重 2 ~ 3 千克。叶球紧实，质地脆嫩，味甜，品质优良。抗芜菁花叶病毒兼抗黑腐病。亩产 4000 ~ 4500 千克。

除适于四川省种植外，还适于华中地区、西南地区及陕西、河南、浙江、福建、辽宁等省种植。西南地区做秋甘蓝栽培，可在 5 月下旬至 7 月中下旬播种，分苗 1 次。苗龄 40 天，8 月中下旬定植，行距 60 ~ 67 厘米，株距 50 ~ 57 厘米。11 月下旬至 12 月上旬收获。

西园 6 号 西南农业大学园艺系选育的杂交一代品种。该品种定植后 85 天左右收获。植株开展度 62 ~ 65 厘米，外叶 12 片左右，浅灰绿色。叶球扁圆形，纵径13厘米，横径24厘米，单球重1.6千克左右。叶球紧实，球内中心柱长6.5~7厘米，质地脆嫩，不易裂球。田间抗病毒病，兼抗黑腐病，耐根肿病。亩产4000千克以上。

适宜西南、华北、西北、长江流域及闽南地区作秋冬季栽培。定植行距50厘米，株距45~50厘米，每亩栽2800株左右。

秦甘80 西北农林科技大学园艺学院蔬菜花卉研究所选育而成。该品种植株开展度65.3厘米。外叶数12片，外叶灰绿色，叶片较大，蜡粉较少。球叶灰绿色，叶球扁圆形，纵径16.6厘米，横径22.5厘米，紧实。叶球中心柱长6.2厘米。春栽的单球重2千克，秋栽的2.4千克；冬性强，春季栽培耐先期抽薹。商品性好。成熟球叶鲜嫩，质脆甜。抗病毒病和黑腐病。亩产4800~5000千克。适宜西北地区和长江流域种植。春季栽培，10月中旬播种育苗，11月上旬阳畦分苗覆盖越冬，2月下旬至3月上旬定植，每亩栽2800株，5月中旬至6月上旬收获。北方地区秋季栽培，6月中旬育苗，7月下旬定植，每亩栽2400~2600株，10月中旬收获。

惠丰3号 山西省农业科学院蔬菜研究所育成。该品种夏秋季栽培从定植到成熟65~70天，植株开展度50厘米×55厘米，外叶数11~14片，叶色深绿，蜡粉中，叶球近圆球形，横径18~20厘米，球高13~14厘米，球浅绿色，中心柱低于球高的1/2，结球紧实，单球重1.3~1.5千克，球叶脆嫩，风味品质好。抗病毒病、黑腐病、霜霉病等。春季栽培时，定植到收获约75天，开展度60厘米×70厘米，球横径20~22厘米，球高16~17厘米，单球重2.3~2.8千克。一般亩产5000千克左右。

在我国北方地区，作秋甘蓝栽培，6月上旬至7月上旬播种育苗，苗龄35天左右定植，每亩定植3600~4000株。亦可在山西作春甘蓝栽培，因冬性一般不可过早播种，应因地制宜确定播种期和定植期，定植时以每亩3000～3300株为宜。

吉秋 吉林省蔬菜花卉科学研究所杂交选育而成。该品种从定植到收获85天左右。特征植株生长势较强，植株较直立，开展度70厘米左右，外叶扁圆形，绿色，外叶数12片左右，叶球扁圆形，浅绿色，叶球重3～3.5千克。抗黑腐病，中抗病毒病。

适宜吉林、辽宁、山西及相似生态区种植。吉林省5月10日左右露地作畦播种，6月上旬移苗，6月末定植，行株距60厘米×50厘米。

荷兰比久1038 从荷兰引进的中熟品种。该品种生长期75天，叶球圆形，包球紧实，单球重2.6千克左右。耐贮藏，可贮藏1个多月不腐烂、永久不出薹，便于长途贩运。每亩产量在7500千克以上，适宜春夏秋季栽培，河南南阳地区可作越冬栽培。

瑞大 荷兰皇家种子公司一代杂交中熟品种。该品种定植后75天左右可收获。株型紧凑，叶色深绿，蜡粉度高，抗虫性好，抗病性强。叶球圆形，结球整齐，单球重2.0～2.5千克。口感好，品质高，商品性佳，干物质含量高，耐贮运，适合鲜食和加工。耐裂球，田间适收期长。适合春季栽培。

18 甘蓝晚熟品种有什么特点？主要品种有哪些？（视频8）

晚熟品种从播种到初收叶球所需时间为150天以上，或从定植到初收在100天以上。

晚丰 中国农业科学院蔬菜花卉研究所育成的一代杂交品种。该品种从定植到叶球收获100～110天。植株开展度65～75厘米，外叶数15～17片，叶绿色，蜡粉中等，中肋绿白色；叶球扁平球形，绿色，单球重2.5～3.0千克，球内中心柱长11.8厘米，叶球紧。耐寒性中等，耐旱涝，耐贮运。较抗病毒病，易感黑腐病。

适于各地秋、冬季种植。每亩定植 2200~2400 株，产量 5000~7000 千克左右。

争春　上海市农业科学院园艺研究所育成的春甘蓝一代杂交品种。该品种越冬栽培从定植到收获约 150 天。植株开展度 60 厘米左右，外叶 8~11 片，叶球圆球形，纵径 17.4 厘米，横径 16.8 厘米，球内中心柱长 7.4 厘米，中心柱宽 2.8 厘米，叶球紧实度 0.57，单球重 1.5 千克。早熟，不易未熟抽薹。亩产约 3000 千克。适于长江中下游地区种植。在上海地区适宜播种期为 10 月上旬，一般于第 2 年 4 月底至 5 月中收获。

秋丰　中国农业科学院蔬菜花卉研究所和北京市农林科学院育成。该品种从定植到收获 100 天左右。生长势强，开展度 70 厘米，叶片灰绿色，莲座叶 15~17 片，叶球扁圆形，绿色，整齐度高，单球重 2 千克左右，抗黑腐病。一般亩产 4000~5000 千克。适宜华北地区秋季露地种植。一般 6 月中旬播种，7 月中旬定植，10 月底收获。亩栽植 2500~2700 株。

特别提示

怎样选择品种是很重要的。甘蓝的栽培类型分为春甘蓝、夏甘蓝、秋甘蓝冬甘蓝。各季栽培的品种首先应选择优质品种，适合当地栽培。另外，春甘蓝要求抗逆性强、耐抽薹、商品性好；夏甘蓝要求抗病性强、耐热；秋甘蓝要求抗病性强、高产、耐贮藏；冬甘蓝要求抗逆性强、耐寒、商品性好。

19 春甘蓝栽培有什么特点?

甘蓝的春季栽培，一般可分为春季露地栽培和保护地早春栽培。生产中采取春早熟栽培，于冬天或早春保护地育苗，春季定植到保护地或露地，春季或初夏收获上市。这种栽培方式，利用的保护设施简单，成本低，产品上市正值春末夏初蔬菜供应淡季，价格比较高，因此种植效益较高。我国各地利用这种方式的生产面积很大。

20 甘蓝春季要选择什么品种？怎样确定播种时期？

春甘蓝栽培适宜选择冬性较强，抗未熟抽薹中、早熟优良品种，可供选用的品种较多，可分为尖头和平头两个类型。尖头类型的品种有鸡心种、牛心种、争春、延春、中甘 11 号、中甘 12 号、中甘 15 号、中甘 18 号、春甘 1 号、京丰 1 号；平头类型的品种有黄苗和 105 × 黄苗、盛春甘蓝等。

春甘蓝不宜过早播种，因为秧苗长得过大，容易通过春化，造成先期抽薹。播种时期与地域、保护地设施以及所选品种有密切关系，各地可根据气候特点和保护设施性能以及所期望的上市时间进行选择。例如，我国东北、西北以及内蒙古等高寒地区，选用早熟品种，在早春 3 ~ 4 月份内于温室育苗，苗龄 60 ~ 80 天；华北地区可选用早、中熟品种，于前一年 9 ~ 10 月份在阳畦育苗，经过严寒而漫长的冬天，苗龄长达 150 天左右；也可以在 2 月内，选用早熟品种于塑料温室或改良阳畦内育苗，苗龄 40 ~ 50 天；在上海地区，尖头类型的一般都采取露地育苗，平头类型的都采取保护地育苗。尖头类型一般在 10 月上旬播种，平头类型在 11 月中、下旬播种，也有在 1 月份播种的。南方各省选用中、晚熟品种，于前一年 10 ~ 11 月在露地育苗。

特别提示

春甘蓝栽培要选择冬性较强、耐抽薹的品种。适时播种是春甘蓝栽培的重要技术措施。

21 春甘蓝怎样准备苗床？（视频 9）

育苗设施可选用改良阳畦、塑料小棚、塑料中棚、塑料大棚等。

在生产上苗床基施充分腐熟的有机肥3000~5000千克，再配以氮、磷、钾肥或少量微量元素肥，如硼肥，20~30千克，深翻，耙匀，做畦。也可选用近3年来未种过十字花科蔬菜的肥沃园土2份与充分腐熟的有机肥1份配合，并按每平方米加三元复合肥1千克或相应养分的单质肥料混合均匀。将床土铺入苗床，厚度约10厘米。

为了防止苗期病害的发生，还可以对苗床进行消毒处理。用50%多菌灵可湿性粉剂与50%福美双可湿性粉剂按1∶1比例混合，按每平方米用药8~10克与4~5千克过筛细土混合，播种时2/3铺于床面，1/3覆盖在种子上。

特别提示

苗床要选择在没有种过十字花科蔬菜的肥沃园地，土壤要进行消毒。

22 甘蓝浸种催芽要注意哪些技术环节？（视频10）

甘蓝种子中蛋白质和脂肪的含量较高，很易吸水膨胀，萌发中需要较多的氧气。因此，播种前不宜浸种时间过长，一般以1小时为宜，如果浸种时间超过2~3小时，种子内的营养物质外渗，降低种子的发芽势；还会因吸水膨胀过度，影响对氧气的吸收，造成种子窒息。浸泡过的种子播在刚浇过透水的苗床上，如果缺氧加上低温，很易发生烂种，影响出苗率。

浸后捞出种子滤去水分，装入通气、通水性好的纱布袋内，并用毛巾包好。置于18~25℃的恒温箱或热炕上进行催芽。催芽期间用30℃左右的温水浸浴1~2次，每次10~15分钟，同时抖动纱布袋，使种子受温一致。一般催芽48小时即可露白发芽。

在苗床墒情良好的条件下，无需浸种催芽，可干籽直播。如果苗床干燥，可浇小水。待水渗下后再撒一层干细土后播种。有的品种如中甘 11 号，特别忌浸种或播种在刚浇过透水的苗床上，那样会严重降低发芽率。

特别提示

浸种时间不宜过长，催芽时要注意透气。苗床墒情良好时可以不催芽，直接播种，但要注意，不要浸泡过的种子播在刚浇过透水的苗床上。

23 甘蓝播种有哪些方法？（视频 11）

播种分干籽播种和浸种催芽播种两种方法。冷床和大棚育苗多采用干籽播种，温床和温室多采用浸种催芽播种。播种时用水浇透床土，待水渗完后撒播干籽或催芽种子。一般每平方米苗床撒播 3～4 克种子。播时不可过密，防止秧苗细弱。撒完种子后，覆 0.5～0.8 厘米厚的细土。覆土过厚会使出苗慢，消耗营养多、幼苗不壮；覆土过薄造成种子带壳出土，影响幼苗进行光合作用和生长发育。秋播冷床覆盖薄膜；冬播冷床、温床覆盖玻璃窗，大棚插拱盖薄膜，均加盖草帘。并把玻璃窗相连处用报纸封严，窗框或薄膜四周用细土或泥密封保温，促使种子加快出苗。

特别提示

播种时用水浇透床土，待水渗完后撒播干籽或催芽种子。覆土不要过厚。

24 春甘蓝怎样培育壮苗？（视频 12）

温度管理　播种至出苗前，保持畦温 20～25℃，夜间保持 15℃，以促进迅速出苗。苗出齐后通风降温，白天保持 20～25℃

左右，夜间10～15℃。既要防止温度过高，也要防止温度过低。温度过高容易造成秧苗徒长，温度过低容易未熟抽薹。

间苗 在幼苗有1片真叶时，选晴暖天气的中午间苗。间除过密苗、病残苗和弱苗，保持苗距2～3厘米。间苗后立即撒一层细干土，弥补土壤的洞隙和裂缝，以利于保墒。苗期蒸发量少，幼苗吸水较少，一般不浇水，不追肥。

分苗 在甘蓝2～3叶期进行分苗。分苗可扩大营养面积，防止徒长。分苗床一般设在温室、大棚中，或在阳畦内，分苗的株行距为10厘米×10厘米。也可把苗分在营养钵内，分苗栽植深度以与原生长深度相同为宜。

分苗 后立即浇水，分苗后4～5天内畦内温度白天15～20℃，夜间不低于8℃，促进幼苗迅速缓苗。缓苗后降低温度，白天保持15℃，防止温度过高发生徒长。夜间温度在8～10℃以上。定植前1周要通风降温锻炼秧苗，以提高幼苗的适应能力，使定植后尽快缓苗。

特别提示

育苗要特别注意温度不能过高，以免产生高脚苗。及时间除过密苗、病残苗和弱苗。在甘蓝长出2～3叶期叶子时进行分苗。

25 什么时间定植较好？定植时如何把握技术要点？（视频13）

北方定植春甘蓝，一般用秋耕过的冬闲地，早春解冻后的3月下旬至4月下旬，日均温度6～8℃即可定植。南方是在温度较低的11～12月内定植。

定植田块的前茬最好为非十字花科作物。北方露地栽培采用平畦，搭盖塑料拱棚，亦可采用半高畦。南方雨水多，采用深沟高畦。在中等肥力条件下，结合整地每亩施优质有机肥3000～

5000 千克，配合施用氮、磷、钾肥。

采用宽窄行定植，覆盖地膜。为缓苗快，起苗时应尽量避免伤根，最好带土移栽。定植方法北方有两种：一种是先开沟，随灌水栽苗，然后施肥、盖土，这样地表盖干土，既能保墒又不会因灌水降低地温，对春甘蓝提早定植很有好处；另一种是先栽苗，然后满畦浇水，这样灌水量大，容易降低地温，造成土壤板结，使缓苗时间长。其他各季甘蓝的定植方法，都是先栽苗后灌水，由于当时的温度高，缓苗也快。

此外，定植甘蓝的密度对早熟丰产影响很大，一般说来适当密植能增产，但单株产量低还会延迟收获。根据品种特性、气候条件和土壤肥力，北方早熟种每亩定植 4000～6000 株，中熟种 2500～3000 株。南方早熟品种每亩定植 3500～4500 株，中熟品种 3000～3500 株。

26 春甘蓝定植后怎样管理?

水分管理 定植后 4～5 天浇缓苗水，随后结合中耕培土 1～2 次，以提高地温。缓苗水浇后，适当控制浇水而蹲苗，促进根系生长。结球期球叶生长速度快，需要水分多，从结球开始重灌水，一般是地面见干时就应重灌水，一直到叶球紧实而开始收获，都应重灌水。

肥料管理 蹲苗后要结合浇水每亩追施尿素 3～5 千克，同时用 0.2% 的硼砂液叶面喷施 1～2 次。结球期结合浇水每亩施氮肥 10 千克，钾肥 20 千克。同时用 0.2% 的磷酸二氢钾溶液叶面喷施 1～2 次。冬季要严格控制追肥，只需使幼苗能安全越冬即可。

温度管理 缓苗期要增温保温，通过加盖草苫、内设小拱棚等措施保温。适宜的温度白天 20～22℃，夜间 10～12℃。莲座期棚室温度控制在白天 15～20℃，夜间 8～10℃。结球期室温不宜超过 25℃，当外界气温稳定在 15℃时可撤膜。

中耕 浇缓苗水后，要及时中耕、锄地、蹲苗。一般早熟品种宜中耕二三次、中晚熟品种三四次。第一次中耕宜深，要全面锄透、锄平整以利保墒，促根生长，以后中耕进入莲座期，宜浅锄并向植株四周培土，以促外短缩茎多生根，有利结球。

特别提示

缓苗水浇后，适当控制浇水而蹲苗。结球期要保障水分供应。苗期温度不宜过低，结球期温度不能过高。另外要加强中耕施肥。

27 怎样预防甘蓝早期抽薹？

早期抽薹是由于苗期通过低温春化作用，提前抽薹，不能结球的生理现象。在栽培管理上可以采取以下措施：

冬性强的品种通过春化的温度低，冬性弱的品种通过春化的温度高。一般冬性强的早熟品种不易出现早期抽薹现象，如尖顶型的中甘11号早熟品种。

了解甘蓝的阶段发育特点，对于防治早期抽薹现象是非常重要的。因此，控制甘蓝的播种期非常重要。在北京地区早春甘蓝一般要求1月上旬播种，若播种太早，正好幼苗达到了春化敏感阶段，又遇到低温，就会出现早期抽薹现象，但也不要播种太晚，这样幼苗太小，结球小，产量低。幼苗的真叶从3～8片叶这个阶段，应格外重视温度的管理，晚上应覆盖阳畦，尽量保持阳畦内的温度在10℃以上，这样就可以防止早期抽薹现象。

定植时一般要求幼苗7～8片真叶。如果定植过早，幼苗的缓苗期过长，遇到寒流时仍然会出现定植后的早期抽薹现象。定植太晚，虽然不易抽薹，但影响提早上市，影响收益。最好是定植后加盖塑料小拱棚，既可以提高甘蓝的生长温度，不发生抽薹现象，又可以提高成熟1周左右。定植后要蹲苗，不要大肥大水，否则植株生长过快，也容易引起抽薹现象。

特别提示

选用冬性强的品种，苗期适当保温，定植后要蹲苗，可以有效预防甘蓝早期抽薹。

28 春季栽培甘蓝主要有哪些病虫害？如何防治？

春季栽培甘蓝的病害主要有霜霉病和菌核病，虫害主要有小菜蛾、菜粉蝶和蚜虫。

防治霜霉病，可通过选用抗病品种，与非十字花科蔬菜隔年轮作，合理施肥，及时追肥等措施来预防病害的发生。发病后在初期及时喷64%杀毒矾可湿性粉剂500倍液，或75%百菌清可湿性粉剂600倍液，或1:2:400倍波尔多液，每5~7天喷1次，共喷2~3次。防治黑腐病，要进行种子消毒，方法是用50℃温水浸种20~30分钟，或用45%代森铵水剂200倍液浸种15天；与非十字花科作物实行1~2轮作，并及时消除病残体和防治害虫，这样基本上能控制病害的发生。在发病初期喷70%农用链霉素4000~6000倍液，每隔7~10天1次，连喷2~3次。

防治小菜蛾可以在成虫期利用黑光灯诱杀成虫；药剂防治可选用Bt制剂3000~3755倍液，或菊酯类药2000倍液喷雾。防治菜粉蝶，可在三龄前用苏云金杆菌、Bt制剂喷雾；或在在卵高峰后7~10天喷敌百虫、敌敌畏、辛硫磷、灭幼脲1号、灭幼脲3号等。防治蚜虫，用50%抗蚜威湿性粉剂2000倍液，或50%马拉硫磷乳油1000~2000倍液。如蚜量较大，可连喷2~3次。

29 夏甘蓝栽培怎样选种播种？

甘蓝是一种耐寒不耐高温的蔬菜，在炎热的夏季种植难度较大，但效益却很高。高温季节栽培甘蓝要求选用耐热性强的品种。目前，适宜夏季栽培的甘蓝品种并不多，主要栽培品种有沪甘 2 号、夏光、强夏 2 号、中甘 8 号、夏甘 58、夏王、世龙之夏。

夏甘蓝一般是育苗移栽。在 6 月上旬育苗，7 月上旬定植，8 月下旬至 9 月中下旬收获。为了培育壮苗，必须采用凉棚育苗。苗床四周用木料或竹竿打桩作主柱，架高 1.2 米左右，棚架上用芦苇或小竹竿编成帘子或用黑色遮阳网。播种时适当稀播，每亩用种 50 克左右。出苗后及时间苗，拔除密苗、弱苗、劣苗、杂苗。等到 3～4 片时假植 1 次，适时炼苗。北方夏甘蓝一般在 3～5 月份冷床播种育苗。

特别提示

夏甘蓝栽培难度较大，首先要选用耐热性强的品种。采取育苗移栽方式。

30 夏甘蓝栽培有什么特点?

应选择排水方便的地块栽培。整地前，每亩施腐熟的圈肥 5000 千克，然后进行翻地作畦。要做到旱能浇，涝能排，畦面一定要平；畦宽 1.5 米，以便浇水，排水。

定植时正值伏旱，气温高，蒸发量大，因此定植必须在下午 16:00 以后。按株距 35 厘米，行距 45 厘米定植。夏季甘蓝球小，可适当密植。定植完以后，浇足定根水，第 2 天上午必须再浇一次活棵水。

特别提示

夏甘蓝栽培时要加强水分管理。种植密度可以适当大一些。

31 怎样进行夏甘蓝栽培管理?

当植株缓苗后，进行第 1 次追肥，每亩施尿素 8 ~ 10 千克，并立即浇水 1 次。4 ~ 5 天后再浇 1 次，然后中耕 1 次。在第 1 次追肥后 10 ~ 15 天，进行第 2 次追肥，每亩追肥 8 ~ 10 千克尿素。追肥上本着少施、勤浇的原则，适当增加追肥次数。夏季日照强，水分蒸发大，要小水勤浇。一般 5 ~ 6 天浇 1 次水。结球膨大期水肥要供应充足，不能干旱，否则会使叶球松散、商品差、产量低。最好于傍晚或清晨进行。

以甘蓝生长发育的温度要求为标准，结合中耕除草、浇水、揭盖遮阳网等农艺措施控制温度，使温度适宜甘蓝的生长发育。

特别提示

夏甘蓝生长时间短，水肥要勤施勤浇。结合中耕除草、浇水、揭盖遮阳网等降低温度。

32 夏季栽培甘蓝主要有哪些病虫害? 如何防治?

病害以防为主，严防病毒病和黑腐病的发生。黑腐病可用灭菌成 800 倍液，或 70% 农用链霉素可粉性粉剂 4000 倍液，或冠菌清 800 ~ 1000 倍液，或 77% 可杀得可湿性粉剂 500 倍液喷雾。病毒病可喷施 20% 病毒 A 可湿性粉剂 500 倍液，或喷施 1.5% 植病灵 1000 倍液，并结合喷施灭菌成防治。主要害虫有小地老虎、菜青虫、小菜蛾及夜蛾等。小地老虎可用毒饵诱杀。小菜蛾等害虫可用抑太保乳油 1500 倍液，或 2.5% 敌杀死乳剂 3000 倍液喷雾。

特别提示

高温季节栽培甘蓝要求选用耐热性强的品种。夏季高温高湿易造成甘蓝叶球开裂和腐烂，影响商品性和产量。因此，夏甘蓝要在叶球有一定大小和适当的紧实度时，及时采收，减少损失。

33 秋甘蓝栽培有什么特点?

秋甘蓝是在夏季或初秋播种育苗，于秋末或冬季收获上市的一种栽培方式。具有适应性好，病虫害少，中后期进入冬季不利于病虫害的暴发，很少施药或不施药，而且栽培容易，营养积累高，有利于优质高产。秋甘蓝的特点是耐长途贮运，供应期长，田间采收期可延迟到第2年2~4月，有利于调节上市。

34 秋甘蓝生长期间的气候有什么特点? 对秋甘蓝生长有何影响?

秋甘蓝育苗时间多在6月中下旬至8月上旬。其中，中晚熟品种多在6月中、下旬播种；中早熟、早熟品种多在7月上旬至8月上旬育苗。此时，正值农历夏至到立秋节气，这段时间是全年最热的酷暑季节。其气候特点是高温多雨，空气湿度大，光照强，有利于病虫害的发生蔓延。

秋甘蓝中晚熟品种多在7月底至8月初定植，10月下旬至11月中旬收获；中早熟、早熟品种多在8月上旬至9月初栽植，10月上旬至11月初上市。立秋以后，8月份的气温开始下降，但最高温度仍达30℃以上，降雨量和降雨次数有所减少，空气湿润，光照强。其间的气候条件有利秋甘蓝幼苗的生长发育，但防治病虫害的工作不可忽视。9月份的气温明显下降，降雨量明显减少，空气凉爽，光照柔和，非常有利于秋甘蓝的生长，中晚熟品种可进入莲座期或结球初期，中早熟、早熟品种则进入结球期。10～11月份的天气冷凉，湿度小，光照弱，适合秋甘蓝的后期生长。

35 秋甘蓝栽培品种有哪些类型?

秋甘蓝栽培的品种按形状可分为圆球型品种和平头型品种，尖头型品种多属春甘蓝品种，秋季极少栽培。圆球型秋甘蓝多为早熟或中早熟品种。主要特征特性表现为：株型中等或偏小，外叶不超过15片，叶球圆球形，品质好，单球重量0.5～1.5千克。一般定植后50～60天收获，产量较低。目前生产上此类品种较少，主要为中国农业科学院蔬菜花卉研究所最新育成并示范推广的几个品种，如中甘15号(春秋两用品种)、中甘20号、中甘22号和津甘8号等。平头型秋甘蓝多为中熟或晚熟品种。主要特征特性表现为：株型松散、开展度大，外叶较多，叶球扁平或略鼓，单球重量1.5～2.0千克，最大达3～4千克。一般定植后70～90天成熟，产量较高。此类品种为当前生产上的主栽品种，如京丰一号、中甘8号、中甘9号、秋丰、晚丰等。

秋甘蓝栽培的品种根据成熟期可分为早熟品种、中熟品种和晚熟品种。早熟品种又可分为极早熟品种，即从定植至商品成熟40～45天，如中国农业科学院蔬菜花卉研究所最新育成的新组合CMS8180×73－3－2；早熟品种即从定植至商品成熟50～55天，如中甘18号等；中早熟品种即从定植至商品成熟60～70天，如中甘8号、西园2号、中甘22号等。中熟品种即从定植至商品成熟75～80天，主要品种有：中甘9号、中甘20号等。中晚熟品种的生育天数介于中熟种与晚熟种之间，即从定植至商品成熟85～90天，如秋丰、京丰1号、西园3号、中甘19号等。

特别提示

秋甘蓝品种只有具备耐热、耐湿、抗寒、抗病虫、优质丰产的特性，才能适应不同生长阶段的气候环境而健壮地生长。比如中晚熟品种除具有耐热、耐湿、抗病以外，其突出特点是高产抗寒；而中早熟、早熟品种的突出特点是优质早熟。

36 怎样选用秋甘蓝品种？

秋甘蓝选用品种的原则是适应性、优质丰产性、效益性。华北地区种植秋甘蓝，可选用早熟、中早熟品种以中甘8号、中甘18号为主，引进试种中甘22号；中熟品种以中甘9号为主，引进试种中甘20号；中晚熟品种以京丰一号为主，引进试种中甘19号。华南、西南地区中早熟品种应以中甘8号、西园2号为主，引进试种中甘18号；中晚熟品种应以京丰一号、西园3号为主，引进试种中甘19号。东北及西北地区可参照华北地区选用品种。

37 秋甘蓝栽培育苗有哪些特点？

秋甘蓝的育苗时期，无论南北方都是在夏天的高温季节育苗。北方一般在6～7月，南方一般在7～8月。这时气温一般在25℃以上，有时达30～35℃的高温，干旱多，有时有阵雨或暴雨，对露地育苗极为不利，死苗现象严重，稍微管理不慎就会损苗耽误季节。所以北方采用苇帘，南方采用稻草，或采用遮阳网，搭成荫棚于露地作抗热育苗，以起到降温、防暴雨和减光的作用。其苗龄一般为35～40天。南方冬甘蓝是在早秋9～10月份育苗。一般在30～40天内即可育成质量好的大苗。

特别提示

秋甘蓝在育苗时要有一些辅助施设，以起到降温、防暴雨和减光的作用。

38 秋甘蓝栽培怎样准备苗床？

秋甘蓝栽培育苗期正值高温季节，日照强度大，温度高，且时见雷阵雨和暴雨天气，加之秋甘蓝种子价格较高。为了提高种子的发芽率和成活率，节省种子投入成本，在育苗上首先要选择好通风凉爽、土地肥沃、有机质含量高、灌溉条件好的熟土地作为育苗的苗床，有条件时进行营养钵育苗，效果更好。苗床地必须除净杂草，育苗前反复耕耙，同时每亩施入3%米乐尔颗粒剂1.5~2千克进行土壤处理，消灭苗床中的地下害虫。为了培育壮苗，一般每亩施入腐熟的人畜肥1000~1500千克，45%复合肥15千克，做到肥土均匀，起垄耙平，沟垄分明，然后播种。

育苗床宽为1.5米。苗床与大田面积多按1∶(15~18)为宜，每亩苗床播种550~600克，适当稀播，播后适当盖细土和稍微镇压，用50%多菌灵800倍液浇透垄面，灭菌保湿，培育壮苗。

为了提高成苗率，确保大田面积，防止高温干旱和雷阵雨、暴雨的袭击，凉棚育苗是培育壮苗最有效的技术措施。无论用哪一种凉棚方法育苗，晴天可盖网不盖膜，雨天盖膜不盖网，晴天网要早盖晚揭，阴天不盖。凉棚的作用是防止阳光暴晒，防止苗床干旱，降低棚内温度，适当提高棚内湿度，给幼苗的生长造成适宜的小气候，待幼苗长至3~4片真叶后方可逐步揭去凉棚。

特别提示

育苗床是培育壮苗的基础，要做到精细操作。凉棚的建造各地可以根据当地条件，就地取材即可。

39 秋甘蓝壮苗有什么标准？怎样培育壮苗？（视频14）

壮苗的标准为：苗龄30～35天，株高8～12厘米，叶片6～8片，节间短，下胚轴短，茎粗、紫绿色，叶片肥厚，呈深绿色，无病虫害，根系发达，栽后成活快，发棵早。苗情的壮弱对移栽后的发育迟早、产量的高低有着直接的影响。

播种前灌足底水，播种时采用沙土拌种，便于撒播均匀，播后轻盖0.5～1厘米左右厚的细土，然后洒足水，保持床面湿润。播种量根据品种的发芽率及籽粒的大小而定，一般每平方米苗床播种2～3克，可定植1亩大田。播种后一般3～4天即可齐苗。出苗后及时揭去遮阳网。注意适量浇水，既要防止因床土的湿度过大而引起病害和幼苗徒长，又要防止因床土过干而形成僵苗。如床面湿度过大，可撒一层干细土或草木灰降湿。苗初出土时每天浇水1次，以后每隔1～2天浇水1次，以保持土壤湿润，土表略干为宜。

当幼苗有2～3片真叶时，结合浅松土追1次稀粪，以促进根系发育。4片真叶时浇提苗肥1次，可用稀薄的人粪尿或腐熟的饼肥水。浇肥浇水要在早上或傍晚进行。定植前4～5天喷施一次0.3%磷酸二氢钾，利于壮苗。

齐苗后及时间苗，除去弱苗、劣苗。播后15天左右幼苗达2～3片真叶时分苗，分苗床的平整及肥料施用同播种苗床。分苗株行距为7～8厘米。

特别提示

用沙土拌种可以提高播种的均匀度。幼苗出齐后要及时揭去遮阳网，以防生产高脚苗。搞好肥水管理是培育壮苗重要措施。同时及时拔去弱苗、劣苗。

40 秋甘蓝移栽时要注意哪些问题?

秋甘蓝苗期一般为 35 ~ 45 天，幼苗真叶有 6 ~ 8 片时即可移栽。因此，6 月下旬至 7 月下旬播种的，定植期一般在 8 月初至 9 月上旬。越冬推迟甘蓝的移栽期，一般在 9 月下旬至 10 月上旬。

移栽的大田应选土壤肥沃、排水便利、前茬未种过十字花科蔬菜的地块。前茬收获后及时清除杂草，深耕晒垡，每亩施厩肥 4000 千克，氮磷钾复合肥 50 千克，均匀撒施，再耕翻与土壤混匀，及时耙碎耙平，开沟作高畦。定植前，苗床要浇透水，保证幼苗带土移栽。

移栽应选择阴天或者晴天傍晚进行，避开高温，以缩短缓苗期。栽苗不能太深，栽后浇透定根水。一般中熟品种亩栽 2500 ~ 3500 株，晚熟品种以栽 1500 ~ 2000 株为宜。

特别提示

定植前苗床要浇透水，保证幼苗带土移栽，有利于缩短缓苗期。苗期不宜太长。

41 秋甘蓝大田期怎样进行水分管理?

甘蓝移栽培后，正处高温时期，水分蒸发量大，此时合理浇水是保证幼苗成活及正常生长的关键。浇过定根水后，第 2 天再浇 1 次水，以后隔 1 ~ 2 天浇 1 次，1 周后即可活棵。如有缺苗，要及时补苗。缓苗后适当蹲苗。在莲座期和结球期，要根据田间情况，适时浇水，保持土壤湿润，否则植株生长不良，结球延迟，叶球变小。高温期间要在早晨或傍晚进行浇水。甘蓝忌土壤积水，多雨季节要及时排除田间积水，以防受渍害。叶球生长紧实后，停止浇水，以防叶球开裂。

特别提示

定植后即要浇定根水。幼苗成活后要适当蹲苗，以促进根系的生长发育。莲座期和结球期要保证水分的供应。

42 秋甘蓝大田期怎样进行肥料管理？

秋甘蓝的栽培要求肥水充足，在施足基肥的前提下，还要重视施用追肥，以充分促进其快速生长。对于选用早、中熟品种栽培，一般追肥2~3次；对于选用晚熟品种，一般分4次进行。第1次在定植后1周左右，结合缓苗水，每亩施用尿素5~8千克，磷酸二铵5千克。第2次在莲座初期，每亩施尿素20千克左右，并伴随中耕培土。在莲座末期，追第3次肥，每亩施尿素15~20千克，这两次是追肥重点，施后结合浇水。进入结球初期再追1次肥，每亩施尿素15千克。并适当根外追肥，可用1%的尿素加0.1%~0.2%的磷酸二氢钾连续根外追肥2~3次。

追肥以株间穴施为佳，可与田间中耕除草、锄土培根同时进行。

特别提示

莲座期是甘蓝的需肥高峰期，追肥十分重要。

43 秋甘蓝病虫害主要有哪些？怎样防治？

秋甘蓝生产中的病虫害主要有蚜虫、跳甲、小菜蛾、菜螟、菜青虫等。苗期蚜虫和跳甲可用10%吡虫啉可湿性粉剂40克加20%跳甲净乳油50克，加水50千克防治。其他虫害可用42%赛福丁乳油30克，或2.5%绿微100毫升，加水15千克防治。病害主要有立枯导致的猝倒病及霜霉病、黑斑病、软腐病等。苗期猝倒病可用3%百菌消20克加水15千克；或50%敌克松500倍防治；霜霉病可用58%甲霜灵锰锌500倍防治，其他病害可用75%托布津可湿性粉剂800倍，或72%农用链霉素100毫克/千克或用新植霉素200毫克/千克防治，连续2～3次，每次防治间隔期7天左右。

特别提示

秋甘蓝病虫害相对较轻，可选择的农药也较多，务必选用低毒低残留的农药，并且要注意农药的安全间隔期。

44 秋甘蓝何时收获较好？（视频15）

秋甘蓝结球紧实后，应及时上市，获得最佳效益。为了提前上市，当叶球长到一定的紧实度即可分期上市。判断叶球是否紧实，可用手指在叶球顶部压一下，有紧实感，即表明球已包紧，可以收获。采收时应保留适当的外叶，以保护叶球免受损伤，影响上市品质。

45 山区春萝卜—夏甘蓝—秋豌豆种植效益如何？怎样进行栽培管理？

浙江省泰顺县地处海拔500～700米的山地，推广春萝卜—夏甘蓝—秋豌豆三熟制高效栽培模式，年亩产值达7000元。

春萝卜选用早熟耐低温，如日本春白玉，于3月中旬直播，5月中旬开始采收，5月底采收完毕。夏甘蓝选用耐热耐旱品种，泰国夏王，于5月下旬播种，6月中下旬定植，苗龄30～35天，收获期在8月中下旬。秋豌豆用厦门珍奇甜豌豆76号，于8月下旬直播，初花期9月下旬，10月下旬采收完毕。

第1茬春萝卜播种前进行深耕，要求深沟高畦，畦连沟1.3米，施足基肥；第2茬夏甘蓝在春萝卜采收后，中耕粗土，每亩用腐熟有机肥1500千克、复合肥30千克作基肥；第3茬秋豌豆在夏甘蓝采收后，中耕土壤，每亩用焦泥灰1000千克、钙镁磷肥50千克作直播盖面肥。

夏甘蓝采用遮阳网覆盖培育壮苗，长至6~7片真叶时移栽大田。1.3米宽的畦种2行，株距30~35厘米，3000~3500株/亩，晴天时要选择傍晚移栽。定植后用10%人粪尿点根，促进活棵，之后还要用10%人粪尿追肥2~3次，促进叶片生长；莲座期重施一次追肥，每亩施用人粪肥1500千克、硫酸钾25千克、过磷酸钙30千克，促进结球；结球期追肥2次，每次每亩施用尿素15千克加硫酸钾10千克。

秋豌豆每亩种植2500穴，每穴3~4粒种子。9月份温度高，幼苗极易徒长，追肥以磷钾肥为主，现蕾后进人开花期用10%人粪肥1000千克追肥一次。

46 白玉豆—水稻—甘蓝种植效益如何？怎样栽培？

福建省古田县实行白玉豆、水稻、甘蓝一年三熟种植，取得了明显成效，实现亩产值4900元。

白玉豆选用当地品种，在2月上旬播种。在播后芽前化学除草。苗后及时进行中耕除草。在幼苗高约30厘米，未开花前要及时扦插引蔓。白玉豆苗期忌积水，花荚期遇干旱要及时灌跑马水保持畦面湿润。开花结荚期，每隔10~15天施1次肥，花期喷施10毫克/升的萘乙酸，可提高坐果率。

水稻选用生育期135天的品种，软盘育秧、适时播种。采用软盘育秧，5月上旬播种，一般秧龄25~28天左右。其他按常规栽培。

甘蓝品种选用碧春、南峰或夏丰甘蓝。先将苗床土深翻整平，每平方米施入48%三元复合肥75克，并70%五氧硝基苯与50%福美双8~10克等量混合，进行苗床消毒和杀死地下害虫。甘蓝9

月上旬播种，播种前将苗床用水浇透，搂平。用刀或竹片把苗床土分成5厘米×5厘米的小方块，播种后用火烧土盖种，随即加盖遮阳网。苗龄控制在25～30天，采用黑地膜覆盖栽培，移栽后浇足定根水。施肥坚持“宜早、前重、后轻”的原则。定植后7～10天。苗期保持土壤湿润，结球膨大期保证有充足的水份供应，促其包球紧实。干旱时要定期浇水抗旱，多雨天气应排水降渍。

47 夏甘蓝套种玉米栽培有什么好处？怎样栽培？

夏甘蓝和玉米间套作，玉米可以起到遮荫降温作用，给甘蓝生长创造良好的环境，减轻甘蓝病毒病及软腐病的发生。粮菜双收，是实现高产高效的有效途径之一。

夏甘蓝可选用耐热品种夏光甘蓝，于4月下旬播种育苗，5月中下旬定植。玉米可选用紧凑型中晚熟品种，于6月上旬点播玉米。种植条带幅宽为140厘米，每带种甘蓝2行，玉米2行。可选前茬为草莓、大葱、莴笋等地块，4月下旬整地，亩施腐熟农家肥5000千克，复合肥50千克。深翻耙平后，按140厘米宽等距划线，依线起垄，垄高20厘米，垄宽40厘米。

5月中下旬在垄两侧按株距40厘米定植甘蓝2行，每亩栽2380株，栽苗后进行浇水，缓苗后浅中耕1次；6月上旬在2行甘蓝株侧按行距70厘米，株距24厘米，定向点播玉米2行，每亩保苗4000株左右，甘蓝、玉米都呈宽窄行种植。玉米定苗时注意选留叶子伸展方向与行间一致的植株，以增强玉米行间的通风透光。

在甘蓝进入莲座期，穴施尿素每亩20千克，施肥后进行浇水；在开始包心时浇2次水，并随浇水每亩追尿素5～10千克，以后视土壤湿度再浇1～2次水。7月底至8月上旬甘蓝包球紧实后即可陆续采收上市。

玉米进入大喇叭口期，是需水需肥的关键时期，应及时追肥、培土、浇水，结合浇水每亩施尿素15千克。在玉米孕穗期，每亩追复合肥20千克，尿素10千克。9月中旬可收获玉米，每亩可收获玉米400~500千克，甘蓝2500~3000千克，产值可达1800~2000元。

48 黄瓜—芹菜—秋甘蓝—秋菠菜栽培模式效益如何？怎样栽培？

安徽省淮北市实行黄瓜—芹菜—秋甘蓝—秋菠菜栽培模式，一年生产4茬精细菜，每亩经济效益达到15000元以上，除去各项投入和折旧，每亩纯效益10000元以上。

黄瓜—芹菜—秋甘蓝—秋菠菜茬口安排

时期	播种期	定植期	上市期
黄　瓜	2月上旬	3月中旬	5月中旬
芹　菜	5月上旬	7月上中旬	9月上旬
秋甘蓝	7月上旬	8月上旬	10月中旬
秋菠菜	10月下旬	直　播	元旦至春节

黄瓜应选择早熟、高产、抗寒性好、综合性状优良的品种，如津春2号、津优1号、津绿1号等。采用催芽后营养钵育苗，苗龄45~50天，3叶1心，符合壮苗要求。稳钵定植，全地膜覆盖，每亩植4200~4500株。

芹菜以西芹为主，如文图拉、高由它、脆嫩西芹等。催芽播种，先用55℃温水浸泡2~3小时，在25~28℃的适温条件下催芽，种子露白后即可播种，育苗畦采用平畦，浇足水后，撒播种子。播种后在种子上面撒1厘米厚的过筛细土，遮荫出苗，齐苗后除去遮荫物，自然生长。苗期适当浇水，喷施硼砂和磷酸二氢钾2~3次。采用平畦定植。整个芹菜生长期处于夏季高温阶段，在管理上要注意遮荫降温，可用遮阳网或者破旧的薄膜等遮蔽，以利提高芹菜品质，使生产出来的芹菜鲜嫩。

秋甘蓝品种选用中甘 12 号、132、晚丰为主。采用高畦育苗，浇足底水播种，播种后上盖 1 厘米厚过筛细土，然后再撒盖一层麦糠保湿。平畦定植，畦宽 1.5 米，每亩定植 3000 ~ 3200 株。适时浇水，保持土壤湿润。团棵期、包心初期分别追施三元复合肥 1 次，每次每亩施 20 ~ 30 千克。甘蓝的病害主要有猝倒病、霜霉病和炭疽病。虫害主要是菜青虫和蚜虫，每隔 7 ~ 10 天用药 1 次，做到治早、治小、治彻底。

秋菠菜品种选用以大叶菠菜为主，整地后直播。一般采取条播，苗出齐后，可间苗出售。菠菜需水量较大，应适时浇水，在盖满地后要追施尿素 1 次，每亩施 15 千克促棵生长。

49 甘蓝—西瓜—棉花—甘蓝栽培模式效益如何？怎样安排生产？

河北省玉田县采取甘蓝—西瓜—棉花—甘蓝立体高效栽培模式，实现了每亩纯收入 4500 ~ 4800 元的高效益。

第 1 茬甘蓝采用抗病、早熟、高产的优良品种北农早生，于 12 月下旬至元月上旬采用阳畦育苗。播种后保持日温 20 ~ 25℃，夜温 5 ~ 10℃，苗出齐后及时放风降温，掌握日温 10 ~ 15℃，夜温 2 ~ 7℃。不旱不浇水，避免徒长和大苗越冬。苗长到二叶一心时分苗。分苗后把畦温提高到 15 ~ 20℃，缓苗后把温度降到 10 ~ 15℃。3 月下旬移栽。用幅宽 2 米塑膜小拱棚覆盖。畦面为东西走向。每畦栽植 3 行，株距 30 厘米，每亩留苗 3900 株。定植后立即浇水。缓苗期棚内温度超过 20℃时开始通风炼苗，缓苗至莲座期中耕 1 ~ 2 次。4 月上旬撤膜，撤膜前浇 1 次水，并在包心期结合浇水，追肥 2 次，每次每亩追尿素 15 千克，以后 5 ~ 7 天浇 1 水。5 月上旬当叶球长到 0.75 ~ 1 千克，即可收获上市。

第 2 茬西瓜选用优良品种。选择高产、适应性广、抗病性强、品质好、耐贮运和商品性好的中晚熟品种西农大霸王、京欣6号等，于3月下旬至4月上旬采用塑料拱棚电热温床育苗。西瓜播种至出苗期间，白天温度保持在25～30℃，夜间保持在12～15℃；出苗至出现真叶期，白天温度保持20～22℃，夜间保持10～12℃；1～3片真叶期，白天温度保持20～25℃，夜间保持12～13℃；定植前5～7天进行炼苗，白天温度18～20℃，夜间温度8～10℃。甘蓝收获后栽植西瓜，行距1.8米，每亩栽650～700株。

第3茬棉花，选用高产、适应性广、抗病性强、单株增产潜力比较大的品种，如33B、99B。采用塑料拱棚营养钵内育苗，4月上旬育苗播种。播种前10天左右选晴天进行晒种。播种至出苗期间，白天温度控制在20～30℃，夜间控制在12～20℃；出苗至3片真叶期，白天适温为25～30℃，夜间适温为20～25℃；定植前5～7天进行炼苗，白天温度比以前逐渐降低，夜间温度不低于12℃。5月上中旬，甘蓝收获后移栽。早细中耕，保证棉田土壤无板结、田间无杂草。特别是雨后要及时中耕。一般不追肥不浇水。个别干旱棉田，如确需浇水也要开沟浇小水，但浇水后要及时中耕，破除板结。

第4茬甘蓝，7月20日育苗，8月20日移栽在棉花行间，双行栽植，平均行距1米，株距30厘米，每亩留苗2200株，10月收获。

50 地膜甘蓝—豆角—辣椒—秋延黄瓜栽培模式效益如何？怎样栽培？

陕西省商洛推广地膜甘蓝—豆角—辣椒—秋延黄瓜高效套作栽培模式，茬口衔接紧凑，一年四熟，投资少、效益高。平均每亩值6700多元，扣除各项投资680元外，净收益6020多元，效益可观。

3月上旬按1米的行距起垄覆膜，垄宽50厘米，及时错位移栽2行甘蓝，株距40厘米左右；4月上、中旬在甘蓝行中间直播1行豆角，穴距30厘米；甘蓝在5月中旬收获后，及时在该行移栽2行辣椒，穴距30厘米；豆角7月下旬拉秧后，错位移栽2行秋延黄瓜，株距35~40厘米，黄瓜8月中旬始收，10月中下旬拉秧。

甘蓝选用成熟较早、抗病性强的中甘11、春甘45等良种，于2月中旬在阳畦或弓棚中育苗，5~6片真叶时带土移栽。定植后半月左右随水进行追肥。植株进入莲座期开始旺盛生长，进行蹲苗，一般10天左右即可，当叶片挂上蜡粉，心叶开始抱合时要停止蹲苗。然后开始浇水追肥，促进结球。结球期是甘蓝生长量最大的时期，浇水次数要勤，并随水重施一次化肥，每亩用尿素25千克左右，并可适当追施硫酸钾或草木灰。当叶球紧实后，在收获前1周停止灌水，以免叶球生长过旺而开裂，一般在抱球后45天左右可陆续采收上市。

豆角品种选用抗病、高产、早熟的架豆王、双丰架豆等良种，4月上、中旬进行直播，出苗后间苗1~2次，最后每穴留2苗。定苗后及时进行中耕，出苗后到结荚前要少浇水进行蹲苗，特别是初花期不浇水。植株长到20~30厘米时，搭架引蔓，整枝抹芽，打去主蔓第一花序以下侧枝和第一花序以上的弱小芽。

辣椒品种选用8819线椒或丰力1号线椒，3月上旬育苗，5月中旬起垄带花移栽。定植前施足底肥，开花期不浇水，头茬果如豆大时酌情浇水。第一、二层果肥大期需水量较多，应保持地面湿润，开始采收时需施攻肥果。

秋延黄瓜品种选用抗病、高产的秋魁、津杂2号等良种，6月下旬育苗，7月中、下旬定植，定植后浇定植水。缓苗到结瓜初期促根控秧，要少浇水不追肥。5~6片叶时，用竹竿搭架绑蔓，适时绑蔓，摘除卷须和下部老叶、病叶。早摘根瓜，防止坠秧。

51 怎样进行甘蓝—玉米—韭菜小拱棚种植?

甘蓝选用优良品种，在1月中旬播种于阳畦。播种前用20～30℃温水浸种2～3小时，捞出放在20～25℃条件下，催芽2天。种子露白尖播种，播后覆细砂土0.5厘米，然后覆盖塑料薄膜和草苫。3叶期以前促壮苗防徒长，白天保持20～30℃，夜间不低于2～3℃。土壤湿度以保持湿润、不裂缝为宜。3叶期后增温保温，预防先期抽薹，白天20～25℃，夜间不低于10℃。定植前10天左右通风炼苗。一般在3月底、4月初进行。可以采取大垄3行种植模式，在宽1米的畦内栽3行甘蓝，行距40厘米，株距为30厘米，亩栽2800株。栽后扣小拱棚，并及时浇水，以水稳苗。栽后共浇3次水，结球初期结合浇水追尿素15千克，用药剂防治菜青虫2次，到5月中旬收获。

玉米选择适合的优良品种，于4月下旬播种在甘蓝畦背上，亩留株数3500～4000株。

韭菜选择有机质丰富疏松的地块作苗床。

韭菜出土后，不要过早浇水，以免降低地温，导致土壤板结。当苗长至5厘米时，要进行间苗、定苗，最后使韭菜秧间距保持在3厘米×3厘米左右，并及时除草。

52 小拱棚韭菜—甘蓝—青椒栽培模式效益如何？怎样种植?

山东省德州市推广小拱棚韭菜—甘蓝—青椒间作套种栽培模式，获得了较好的效益，平均每亩年收益10000～12000元。

韭菜品种选用河南791韭菜、浙江兴白根或犀蒲韭菜。甘蓝品种选用8398、荷兰顺丰等。青椒品种选用上海茄门甜椒、农大

4 号甜椒。

2 月中旬阳畦温床育青椒苗，4 月下旬定植，地膜覆盖，株行距 30 厘米 × 60 厘米，全年进行生产。4 月上旬在大垄内播种韭菜，开沟散播，经过 1 年养根生产，于 10 月底扣棚，进行连秋越冬生产。11 月下旬阳畦播种甘蓝；第 2 年 2 月上旬定植于韭菜行间，4 月上旬收获。

甘蓝育苗期要根据韭菜的生长发育期来确定。甘蓝的定植期定在韭菜二刀收获期，前推 2 个月，一般在 11 月中、下旬进行播种，采用阳畦育苗。苗床播种前浇足底水，施足底肥，撒播或点播种籽，及时覆盖草苫子，早揭晚盖，防止低温伤害，形成甘蓝幼苗春化。定植前 1 周注意逐步加大放风口，进行低温锻炼。在韭菜第 2 刀收获后，行间施足肥料，每亩施用尿素 15 千克，磷酸二铵 10 千克，耙匀。选择晴朗天气选壮苗带坨移栽定植甘蓝。甘蓝壮苗的标准：茎粗，叶片黑绿色，5 ~7 片叶，苗高不超过 10 厘米。定植后小水浇灌，促进缓苗。这一遍水对于韭菜和甘蓝的生长都有促进作用，一定要浇透，浇匀。此后约 5 天甘蓝进入蹲苗期。大约过 10 天，蹲苗期过后，浇 1 次大水，同时每亩施用尿素 10 千克，氯化钾 5 千克，促进甘蓝生长、结球。最后适时收获。

53 大棚春青花菜、夏甘蓝、延秋番茄种植效益如何？怎样进行栽培管理？

为提高复种指数，增加经济效益，山东省临沭县总结出一套 1 年 3 种 3 收种植模式，经济效益明显提高，一般亩产值在 5000 元以上。

青花菜早熟、抗病、丰产性好的品种，如天绿、秋绿、黑绿及中晚生绿等，于 11 月下旬至 12 月中旬在日光温室内育苗，2 月中旬定植，4 月下旬至 5 月下旬采收。越夏甘蓝可选择耐高温、结球性能好的早熟品种，如夏光等，于 5 月上、中旬播种，5 月下旬至6月上旬定植，7月下旬至8月上旬采收。番茄可选择早期耐热、后期又耐寒、抗病早、中熟品种，于7月下旬至8月上旬播种，苗龄30天及时定植，11月上旬至12月上旬采收。

春青花菜幼苗3片真叶时分苗，5～6片真叶时定植。定植后为促进缓苗，密闭大棚3～4天。缓苗后，白天室温控制在25℃左右，夜间在10℃以上。进入采收期，每次采收后要追肥1次，以促进侧花球生长。在莲座叶和花球形成期要及时浇水，保持土壤湿润。雨季应及时排水，以免引起沤根。青花菜易产生侧枝，主球未收获前应先打去侧枝。

夏甘蓝采用营养钵或营养土块育苗，每个营养钵或营养土块播种1粒种子。幼苗3片真叶时进行分苗。青花菜采收后，结合整地施腐熟有机肥，缓苗后5～7天追施尿素10千克，促进幼苗生长，隔10～15天再追施一次。定植后25～30天植株即将封垄，并开始包心，此时应控水蹲苗。等大部分植株叶球形成时，及时追肥，结合浇水每亩追施尿素15～20千克，促使叶球生长。

延秋番茄幼苗苗龄30天时及时定植，每亩定植2500～3000株，并浇定植水。缓苗后5～7天追施一次肥。10月上中旬日光温室或塑料大棚上棚膜，白天保持20～25℃，夜间13～15℃，白天通风。开花时，室温白天维持在25～28℃，夜间不低于10℃。畦面经常保持湿润，同时追施尿素7～8千克和复合肥20千克以促进果实膨大；待第三花序坐果后及时摘心。

54 早春日光温室甘蓝套作番茄栽培效益如何？怎样种植？

辽宁省东港市利用早春日光温室内进行番茄与甘蓝套作栽培，使甘蓝在3月下旬上市，番茄在4月下旬上市，不但增加了春淡蔬菜市场品种的供应，而且降低了生产成本，提高了土地利用率，增加了经济效益。甘蓝上市时市场价格每千克1.6元，收入3200元，番茄上市时市场价格每千克1.4元，收入8400元，甘蓝和番茄共收入 11600 元。

甘蓝应选择优质、早熟、适于密植、抗病、抗先期抽薹的品种，如极早 40 等。番茄选择优质、丰产、早期产量高、耐低温弱光、抗病、适于长季节栽培的品种，如玛瓦、百利 6 号、戴梦得等。

甘蓝与番茄都要提早育苗。甘蓝于 11 月上旬在温室播种，12 月上旬移植，1 月上旬定植。番茄于 11 月 30 日在温室播种，第 2 年 1 月初移植 1 次，1 月 30 日定植。定植前 10 天，温室密闭消毒，深翻后整地起垄。甘蓝苗 2 叶 1 心，即可定植，甘蓝定植于宽行间过道两侧，每亩保苗 3070 株。番茄现大蕾时定植，定植时都要浇足底水，番茄每亩保苗 2880 株。

甘蓝先定植，缓苗期间白天 25～28℃，夜间 13～18℃，缓苗后白天 22～26℃，夜间 10～14℃，白天气温超过 28℃时通风。番茄定植后缓苗期间白天 25～30℃，夜间 15～17℃，缓苗后到第一个果膨大时，要保持昼温 20～25℃，夜温 12～15℃，空气相对湿度 60% 左右，结果期白天 23～27℃，夜间 13～17℃，昼夜温差保持在 10℃，10 厘米土层的地温 20～25℃，空气相对湿度控制在 45%～55%，气温高于 35℃，花器官发育不良，地温低于 13℃，根系生长受阻。

紫甘蓝栽培技术

紫甘蓝又叫紫包菜、红甘蓝，因其颜色紫红而得名。它是十字花科、芸薹属甘蓝种中的一个变种。原产于欧洲地中海沿岸。近年来由于我国旅游业的发展，涉外饭店对其需求急增，各大中城市开始种植。

紫甘蓝以紫红色的叶球供食用，营养丰富，尤以丰富的维生素C、较多的维生素E和维生素B，以及丰富的花青素甙和纤维素等，备受人们的欢迎。紫甘蓝适应性强，病害少，结球紧实，色泽艳丽，耐贮藏，耐运输，营养丰富，产量高，南方除炎热的夏季，北方除寒冷的冬季外，均能栽培，凡能种甘蓝的地方都能种植。在周年供应上具有一定的意义，是一种颇有发展前景的特色蔬菜。

55 紫甘蓝的根系有什么特点？

紫甘蓝为圆锥根系，主根不发达，须根多，易生不定根。根系主要分布在土表层深30厘米、宽80厘米的范围内，吸收肥水能力很强，而且有一定的耐涝和抗旱能力。

56 紫甘蓝的茎有什么特点?

紫甘蓝的茎分为内、外短缩茎，外短缩茎着生莲座叶，内短缩茎着生叶球，内短缩茎越短，抱心越紧密食用价值越大。通过低温春化后，内短缩茎顶芽的花芽分化，抽出形成直立的花茎，俗称“抽薹”。花茎、花枝颜色也是紫红色。

57 紫甘蓝的叶片、茎有什么特点?

紫甘蓝的叶片在不同时期形态有变化，子叶为心脏形，基生叶和幼苗叶具有明显的叶柄，莲座期开始结球，叶柄逐渐变短，以至无叶柄。据此可判断品种特征、生长日期和预兆结球，可作为其栽培管理的形态指标。叶色深紫红色，叶面光滑、肉厚，覆有灰白色的蜡粉，有减少水分蒸腾的作用，故能抗旱和抗热。初生叶较小，倒卵圆形，中生叶较大，呈卵圆形、椭圆形或近圆形的莲座状，即为同化器官的功能叶。莲座期以后，叶片向内弯曲，逐渐抱合成叶球。早熟品种的外叶数一般为 14 ~ 16 片，中晚熟品种为 20 片以上。

58 紫甘蓝的花、果实和种子有什么特点?

花：紫甘蓝种株抽薹开花后形成复总状花序，异花授粉，与其他甘蓝类的变种和品种间能互相授粉杂交，自然杂交率在 70% 左右。因此，采种隔离应在 2000 米以上。果实和种子：紫甘蓝种子同结球甘蓝一样，果实为长角果，圆柱状，表面光滑，略似念珠状，成熟时增厚而硬化种子排列在隔膜两侧，生成形状为不整齐的圆球状，黑褐色，无光泽，千粒重一般为 4g 左右，种子寿命在一般室内条件下可保存 2 ~ 3 年。

59 紫甘蓝的各个生长发育期有什么特点?

紫甘蓝是二年生植物，生育周期可分为营养生长和生殖生长两个时期。从种子发芽、幼苗生长、莲座叶形成到结球，为营养生长时期；从现蕾、抽薹、开花到种子成熟，为生殖生长时期。第 1 年在适宜的气候条件下，生长出根、茎、叶等营养器官，在叶球及短缩茎中贮藏大量同化产物，经过冬季低温完成春化阶段，到第 2 年春季，在适宜的温度和长日照条件下，形成生殖器官而开花结实，完成从播种到收获种子的整个生长发育过程。

营养生长期 包括发芽期、幼苗期、莲座期和结球期 4 个阶段。发芽期是指播种至具有 2 片真叶前，冬春季 20～30 天，夏秋季 10～15 天。幼苗期是指 2 片真叶至团棵，即具有 7～8 片真叶形成叶环，冬春季 45～60 天，夏秋季 20～25 天。莲座期是指团棵至中心叶片开始向内抱合，约 30～40 天。结球期是指从开始结球到收获，约 25～50 天。

生殖生长 可分为抽薹期、开花期和结荚期 3 个阶段。抽薹期是指种株定植到花茎抽出，约 25～40 天。开花期是指从开花到全株花落，约 30～35 天。结荚期是指从花落到种英成熟，约 40～50 天。

60 紫甘蓝生长发育对温度有什么要求?

紫甘蓝喜凉爽温和的气候，属耐寒性蔬菜。种子发芽的温度范围较广，在 2～3℃下经 10～15 天可缓慢发芽，在 25～30℃的较高温度下也可正常发芽，种子发芽最适温度为 18～20℃，在此温度范围内 2～3 天可出苗。幼苗比较耐寒，经过锻炼的健壮幼苗，一般能忍受较长时间的零下 1～零下 2℃低温。幼苗也适应较高的温度，可在 25～27℃下正常生长，也可耐 35℃的短暂高温。20～25℃时最适外叶生长，结球最适温度为 15～20℃，较大的昼夜温差有利于养分积累，结球紧实。结球期抗热性较差，25℃以上的较高温度时，同化减弱，呼吸加强，基部叶片变枯，短缩茎伸长，结球疏松，品质、产量下降。在5℃的低温下，叶球仍可微弱生长。因此，夏季应选择冷凉地区进行栽培。

特别提示

紫甘蓝属耐寒性蔬菜，结球期如果气温高，则包球松散，品质下降。

61 紫甘蓝生长发育对光照强度有什么要求？

紫甘蓝属长日照绿体春化型作物，一般幼苗具有5～7片真叶，在4～5℃条件下才能接受春化感应。紫甘蓝对光照强度适应范围广，在长日照和充足的光照条件下，能促进植株生长，但结球期要求较短的日照和弱光。因此，在夏季生产时可采用与高秆作物间作，适度遮荫，保证结球紧实。

特别提示

紫甘蓝结球期要求较短的日照和弱光，如果是夏季栽培，应设法适度遮荫。

62 紫甘蓝生长发育对水分有什么要求？

紫甘蓝对土壤的适应性强，尤其在幼苗期和莲座期能忍耐一定的干旱。但适宜比较湿润的环境条件，最适宜生长发育的空气相对湿度为80%～90%，最适宜的土壤相对湿度为70%～80%。特别是结球期间要有充足的水分供应，以保证结球紧实。如水分不足，空气干燥，则会引起基部叶片脱落，植株生长缓慢，结球变小。若是土壤水分过多，雨涝排水不良，根系呼吸受阻，则会造成根系变黑，腐烂或植株感染黑腐病或软腐病。

特别提示

紫甘蓝结球期间要有充足的水分供应，以保证结球紧实。

63 紫甘蓝生长发育对土壤营养有什么要求?

紫甘蓝对土壤适应性较广，砂壤土、壤土、黏壤土均可，但以壤土最适。最适 pH 值 6.5 左右。紫甘蓝是喜肥耐肥的蔬菜，要求肥力水平较高。氮肥是紫甘蓝叶片、叶球生长所需的重要元素，生长过程应注意氮肥的施用，每亩每次追肥以 15 ~ 20 千克为适量界限，浓度过高会出现生理障碍，施用肥料种类以硝态氮为好。紫甘蓝是需要磷量较多的蔬菜，磷肥对紫甘蓝结球紧实度有重要作用，一般磷肥多作基肥用，也可以在结球期进行多次叶面追施，对结球有良好效果。钾肥在生长初期吸收量很少，到结球开始以后，吸收量增加，在收获期吸收量最大。氮、磷、钾三要素吸收比例是 3∶1∶4。施用时应注意配合使用。此外，在紫甘蓝植株内，钙的含量也较多，仅次于氮素，如缺钙或不能吸收钙时，就会引起生长点附近的叶片干枯或心腐病(即烧心)。特别是多施氮肥、多施钾肥或在冬季不易吸收钙的时候容易发生，应注意预防。微量元素中，硼是容易缺乏的元素。硼不足时，生长点和新生组织易恶化、组织变黑、维管束破坏等。一般每亩施用硼砂 1 ~ 2 千克，基本可满足其生长的需要。

特别提示

紫甘蓝从苗期到莲座期多施氮素，结球期后多施磷和钾。

64 紫甘蓝引种时要遵循什么原则?

引种时，要注重了解以下一些节环：市场对紫甘蓝的接受程度，生产出来的产品销给谁；

品种的生态型是否与当地生态条件一致，引种时要引进能适应当地气候条件的生态型品种；品种光周期特性与当地当季光照条件是否一致，安排在什么季节生产，所引进的品种是否适宜在这个季节栽培；品种对温度的适应性与当地当季温度条件的一致。另外，要注意从正规渠道引进引种，种子有规范化的包装，有切合实际的品种特征特性和栽培要点的说明，可供引种时参考。

65 紫甘蓝的主要品种有哪些？各有什么特点？

目前生产上所用的紫甘蓝品种大都是从国外引进的，根据叶球成熟期长短可分为早、中、晚熟品种。叶球性状为圆球形或近圆球形。

早红 从荷兰引进的一代杂种。该品种从定植到收获65～70天。植株中等大小，生长势较强，开展度60厘米，外叶16～18片，叶色紫红色，艳丽美观。叶球卵圆形，单球重1～1.5千克，亩产2000～3000千克。适宜春秋保护地和露地栽培，是较理想的早熟品种。早春保护地栽培，一般于12月中旬在日光温室内育苗。

巨石红 从荷兰引进的一代中熟杂交品种。该品种从定植到叶球收获85～90天。生长势强，植株较大，开展度68～70厘米，外叶数20～22片，叶片较大，叶色深紫色，蜡粉较少。叶球圆形稍扁，单球重2.0～2.5千克，球内中心柱长6.8厘米。耐贮性好，品质中。较抗黑腐病和病毒病。亩产3500～4000千克。适宜春、秋季栽培，每亩定植2200～2400株。

红亩 从美国引进的一代中熟杂交品种。该品种从定植到叶球收获75～80天。生长势强，植株较大，开展度60～65厘米，株高40厘米。外叶数18～20片，叶色紫红色，蜡粉中等；叶球近圆球形，非常紧密，单球重1.5～2.0千克，球内中心柱长6.5

厘米。品质较好。抗病毒病，易感黑腐病。亩产2500～3000千克。适宜保护地以及春、秋露地栽培。每亩定植2600株左右。

紫甘1号 是从国外引进的紫甘蓝品种中选出的中晚熟品种。该品种从定植到收获约80～90天。株型较大，生长势较大，开展度65～70厘米，外叶18～20片，叶色紫红色，背覆蜡粉较多。叶球为圆球形，单球重为2～3千克，亩产量为4000～6000千克。耐贮性及抗病性较强。适宜春季保护地，露地及夏秋季露地栽培。

旭光 台湾农友种苗公司选育的早熟品种。该品种定植后65天左右即可收获。外叶14～16片，紫绿色，叶缘稍有波状叶球圆球形，紫红色，单球质量1千克左右。结球紧实不易裂球，耐贮运，中心柱细，叶肉白色，配色优美。对温度适应性较广，耐低温和高温能力较强。一般亩产3000～3500千克，最高可达4000千克。叶球形成的适宜温度为17～20℃。亩栽4500～4800株。

特红1号 北京市特种蔬菜种苗公司从荷兰引进的紫甘蓝中选出。该品种从定植到收获65～70天。植株生长势中等，开展度60～65厘米，外叶为16～18片，叶紫色，有蜡粉，叶球为卵圆形，基部较小，叶球紧实，单球重0.75～7千克，每亩产量2500千克左右。适宜春秋保护地及露地栽培。

红宝石 该品种中早熟品种，从定植到收获72天生长势强，外叶少，紫红色，叶球紧实，圆球形、紫红色，中心柱短，不易裂球，单球重1.5～2千克，亩产3500千克。适宜春、秋露地及早春保护地种植。

紫阳 从日本引进的一代杂交品种。该品种从定植至叶球收获90天左右。植株开展度65～70厘米，外叶数18～20片，叶色紫红色，蜡粉较多；叶球圆形，单球重1.8～2.0千克，球内中心柱长6.5厘米。品质好。抗病毒病和黑腐病。亩产3000千克左右。适宜春、秋季栽培，每亩定植2400株。

红路 从日本引进的早熟品种。该品种定植后65～70天可收获。叶球丰圆球形，紫红色，外观漂亮，单球重1.3~1.5千克，不易裂球，田间保持期长。长势强，耐热耐寒性强，抗病性好。适宜春、秋保护地和露地栽培。

早生 该品种定植后65~75天可以收获。叶球为圆球型，球重1.5千克左右，叶色深紫。结球整齐，商品性好，裂球晚，耐贮运。适合春秋两季种植。

超紫 从日本引进的杂交品种。该品种叶球为圆球型，球重1.2~1.5千克。定植后70天可以收获。叶色深紫，整齐一致，易于管理。裂球晚，耐贮运，适合加工各种料理。春秋两季种植表现好。

鲁比紫球 从日本引进的一代早熟杂交品种。自播种到收获需95~100天。叶片深紫红色，表面蜡粉浓厚，叶球圆球形，单球重1.2千克左右。耐热性强，低温期间结球性好。

中生鲁比紫球 从日本引进的一代中熟杂交品种。该品种从播种至收获需110~120天左右。生长势旺，叶片紫红色；表面蜡粉浓厚，叶球紧实，单球重1.6千克，抽薹迟。耐寒，低温期结球性良好。很耐贮藏。

紫甘蓝品种90-169 北京蔬菜研究中心选育成的早熟一代杂杂品种。从定植到收获80~90天，植株开展度45~50厘米。叶色深红，叶蜡质较多，外叶12~14片，叶球紫红色，近圆形，中柱高4~6厘米，质地脆嫩。耐热耐寒性强，抗裂球性好，叶球充实后可延长采收。

66 紫甘蓝春季宜选择什么品种?

早春保护地栽培，应选择耐寒耐热的早熟或中熟品种。如早红、红亩等品种。早红从定值到收获65~70天，亩产2000~3000千克。红亩从定植到收获80天左右，亩产3000~3500千克。

67 紫甘蓝春季栽培的播种有什么要求?

紫甘蓝的春季栽培有几种方式，如温室、改良阳畦、塑料大棚和露地。也可以在保护设施内育苗，在外界环境条件适宜紫甘蓝生长时，定植到露地栽培。

播种时间一般于安排在1～2月份在塑料大棚或日光温室内育苗，3月上中旬定植。播种前，每平方米苗床施腐熟的有机肥3千克，三元复合肥100克，然后深翻整平土地，搂平床面。每种植1亩大田的紫甘蓝需要育苗床5平方米，播种量50克。播种前床要浇足底水。也可用育苗盘、营养钵育苗。

选晴天播种，播前整平畦面，浇足底水，待水渗下后，先撒一层药土，然后将种子均匀撒入育苗畦内，播种量为每平方米约3克，播后再覆盖1厘米厚的过筛细土，注意覆土要均匀，切防过厚，否则出苗不整齐。育苗畦的管理：紫甘蓝播种后，温室内温度白天应保持在25℃左右，夜间为15℃左右为宜。在适宜温度下2～3天即可出苗。幼苗出齐后，再把温度降到白天20℃，夜间10℃，以防止幼苗胚轴过度伸长。为防止地温降低，造成幼苗生育延迟，育苗畦内一般不浇水。播种后20～30天，当幼苗长到3片真叶时，应及时分苗。

特别提示

苗床土最好取葱、蒜茬地块的阳土6～7份，加3～4份腐熟过筛的优质圈肥，再掺入少量的磷酸二铵。苗床用百菌清或福美双加杀毒矾消毒。

68 春季紫甘蓝育苗时如何管理温度?

播种后至幼苗出土要尽量维持高温，争取早出苗，出齐苗。一般白天气温保持20～25℃，夜间能达到15℃为宜。大多数幼苗出土后，应及时通风降温，防止高脚苗。以白天温度20℃，夜间11～13℃为宜。当幼苗长出有2～3片真叶时，及时分苗，然后适当提高温度，白天22～25℃，夜间13～15℃，促进早缓苗。活棵后再实行降温管理，白天保持在18～20℃，夜间10℃左右。定植前幼苗一般有6～7片叶，这时为提高幼苗的抗寒性和定植后对外界环境的适应性，定植前10天开始逐渐加大通风量，进行低温锻炼，白天保持在15℃左右，夜间7～8℃，在不受冻害的前提下，逐渐降到接近外界露地环境，有利于定植成活。

特别提示

出苗保持较高温度，苗出齐后要及时炼苗，防止高脚苗。

69 春季紫甘蓝育苗时如何管理水分？

采用育苗盘或营养钵育苗，播种前将营养土充分浇水，播种后覆土，一直到出苗一般不浇水，如中途营养土过干也可用喷壶洒水补充水分。分苗在营养钵后要根据苗子生长状况和营养土干湿程度，灵活掌握进行控水还是浇水。浇水时，可结合施用适量的营养液。

苗期降低棚室中湿度，要加强通风。日常管理中浇水量不能大，在浇足底水后，基本上不再浇水，保持床面半干半湿。如果苗床土湿度过大，可以在苗床上撒干细土，这样既可以降湿，又可以起到护苗的作用。当幼苗有3片叶左右时，要浇水1次，然后分苗。

特别提示

紫甘蓝育苗期，要尽量控水分，保持床面半干半湿。

70 春季紫甘蓝育苗时为什么要分苗？怎样进行分苗？

分苗可以扩大幼苗的营养面积，接受更的阳光，有利于培育善壮苗。分苗畦准备方法与育苗畦相同。分苗前1天，先将育苗畦浇透水，以便在起苗时减少伤根。起苗后将幼苗按8厘米左右见方移栽到分苗畦。苗栽种后及时浇水，同时每亩追施尿素10千克，以促进幼苗生长和缓苗。分苗后45～60天，当幼苗长至6～8片真叶时即可定植。

分苗一般是在播种后20～30天，当植株长出2片真叶时进行。分苗床仍建在冬暖大棚内，栽1亩大田需准备25平方米的分苗床。每个分苗床铺施腐熟的有机肥250千克，三元复合肥2.5千克，然后深翻土地，搂平床面，按10厘米见方的规格分苗移栽。分苗时宜浅排，一般子叶出土1～2厘米为标准，排苗要把根部土培紧，并及时浇足定根水。当天挖的苗当天排完。若上午排不完的，可集中在一起用土围住，并用遮盖物遮盖，以防失水萎蔫，下午及时排完。

为提高苗床温度，可盖小拱棚增温，白天温度保持在25℃，夜间15℃。分苗3～4天后浇缓苗水。缓苗后可撤除小拱棚降温，白天温度保持在18～20℃，夜间10℃，定植前进行低温锻炼。

特别提示

幼苗挖起后立即排苗，尤其要防根部被太阳晒或被风吹干，分苗时最好将大小苗分开，剔除病苗、虫伤苗、无头苗。

71 紫甘蓝壮苗有什么标准？

紫甘蓝壮苗的标准是：未通过春化阶段的具有6～8片真叶的较大壮苗，下胚轴和节间短，叶片厚，色泽深，茎粗壮，根群发达。

72 紫甘蓝春季栽培何时定植？要注意哪些问题？

紫甘蓝一般是在日平均地温稳定在5℃以上时，才能定植。定植过早，由于气温较低，定植后恢复生长缓慢，根系的吸收能力低，遇倒春寒时容易发生冻害，同时还容易使大苗通过春化阶段，引起未熟抽薹。定植时幼苗要多带土，选晴天中午前后定植。

定植时一般用水稳苗，即先开沟浇水再将幼苗定植沟内。平畦栽培是先挖穴栽苗，后灌水。定植密度行株距为60厘米×50厘米，每亩2000~2200株，行株距可50厘米×50厘米，每亩定植2500~2600株。定植后要及时浇水。采取覆膜栽培的，定植后将定植孔和周围的地膜用土压严埋实。

特别提示

紫甘蓝定植要在地温稳定通过5℃以上的条件下进行，以免引起未熟抽薹。

73 紫甘蓝春季栽培怎样进行温度管理？

温度管理是定植后管理的关键内容。紫甘蓝生长适宜温度是20~25℃，叶球生长适宜温度为17~20℃。采取棚室栽培时，定植后1周内一般不通风，以促进缓苗，夜间温度应控制在10℃以上为宜。虽然紫甘蓝幼苗较耐寒，但如长期处在6~8℃以下低温，也会提前通过春化而先期抽薹。当白天温度超过25℃时，要通风降温。

随着外界温度的逐渐升高，要适当加大通风量，使白天棚内温度不超过25℃。进入结球期，保持白天20℃为宜，以利结球紧实。

特别提示

紫甘蓝温度管理的关键是苗期保持较高的温度，结球期温度要较低一些，以保证结球紧实。

74 紫甘蓝春季栽培怎样进行肥水管理？

春季栽培前期由于气温和地温较低，植株生长量也小，浇水量不宜过大，缓苗后浇一次缓苗水。缓苗水可用稀粪水或每亩加施硫酸铵10千克，对增强幼苗的抗寒力有一定作用。接着一般不再浇水。

莲座叶生长初期，植株根系已恢复正常生长，吸收能力也加强，要适当进行蹲苗，促进发根。到莲座叶旺盛生长时，结合浇水，每亩施尿素15千克，达到促进植株健壮生长的目的。

从定植到莲座后期约30～40天，当心叶开始抱合，表明已进入结球期。结球期是紫甘蓝生长最快、生长量最大的时期，也是需要肥水量最大的时期，保证充足的肥水是长好叶球的基础。所以，结球期要结合浇水追肥2～3次，结球初期每亩追施尿素10～15千克，中期施用7～10千克，后期施用5千克。浇水以保持地面湿润为准，地面见干就要浇水。但收获前期不要肥水过大，以免裂球。

特别提示

紫甘蓝莲座期到结球期，是肥水需求量的高峰期，要加大浇水量和追肥量。

75 春季紫甘蓝何时收获最好？

当叶球达到收获标准时，及时收获。收获标准是叶球充分紧实，切去根蒂，去掉外叶、损伤叶，做到叶球干净，不带泥土。

76 紫甘蓝秋季栽培播种时要注意什么?

紫甘蓝秋季栽培育苗期一般安排在6月初至7月初播种，苗期30~40天。露地栽培的播种时间较秋延栽培的播种时间早。播种可以用普通苗床或育苗盘育苗。由于苗期正值高温多暴雨季节，因此，苗床上要搭建遮荫防雨棚。移植苗龄以7叶苗龄为最佳。即使要分期播种，拉长上市时期，移植苗龄也应以7叶苗龄为宜。

秋季栽培育苗期间正值高温季节，注意防止苗发病是十分重的，要选择地势高而干燥、排水良好、背风向阳、土质肥沃的土壤，前茬忌十字花科作物。苗床营养土要过筛，施入的有机肥要充分腐熟。土壤用50%多菌灵可湿性粉剂0.2千克加水100千克喷布营养土，边喷边搅拌，喷细拌匀，以防止发生猝倒病。

播种前先将苗床浇透底水，渗下后用细土填平苗床，把处理好的种子拌上细土均匀地撒在床面上，上覆1厘米左右的过筛细土。撒时宜稀不宜密，亩用种量30克左右。

特别提示

紫甘蓝秋季栽培播种育苗，首先要考虑防病。土壤和种子都消毒。

77 紫甘蓝秋季栽培怎样培养壮苗?

紫甘蓝秋季栽培在育苗期间，苗床上要盖遮阳网或草帘，以降温保湿。播种后2~3天待苗出齐后，及时揭掉覆盖物，并在苗床上搭设0.8~1.2米高的遮荫防雨棚。要注意棚四周不能有覆盖，保证通风透光良好。分苗后也要用遮荫棚，降温防暴雨。播种到出苗前温度保持在20~25℃，温度过高时可适当遮荫，以防苗徒长。

播种后保持床面见干见湿。在不降雨的情况下，每2~3天浇1次水。大雨后及时排涝。当幼苗具有2~3片真叶时分苗1次，分苗苗距10厘米×10厘米。有条件的可在1~2片真叶时，移栽到营养钵中，每钵1株。当幼苗长到6~8片真叶时即可定植。当幼苗长到3~4片真叶时，每平方米追尿素50~70克。

特别提示

紫甘蓝秋季栽培，由于气温高，在整个育苗期间，都要防止幼苗徒长。

78 紫甘蓝秋季栽培怎样准备大田？如何定植？

栽培紫甘蓝要选择土地肥沃、排灌方便的地块。定植前深耕晒田，施足基肥，一般每亩要施用腐熟有机肥3000~4000千克，三元复合肥50千克。肥料与土壤耕耙混匀后，整地做畦。雨水多地区要做成深沟高畦，畦宽110厘米，栽2行。

定植前一天苗床要浇透水，以利起苗多带土。选择阴天或晴天傍晚进行定植。定植密度一般为株距35~45厘米，行距60厘米。早熟种可栽得稍密些，亩定植3000株左右。定植时要随栽随浇水。

特别提示

多雨地区要采取高畦栽培。早熟品种栽培密度可以大一些。

79 紫甘蓝秋季栽培水分管理要注意什么？

整个生长期间要根据植株生长情况浇水，宜保持田间土壤湿润。定植缓苗后，浇2~3次水，直到幼苗成活。缓苗后进入莲座期，要控制浇水，加强蹲苗，一般7天左右浇水1次。

随着植株生长，进入莲座期时，水分管理是夏秋紫甘蓝栽培成功的关键。一方面由于莲座期和结球期正处高温、强光季节，另一方面这时植株生长最快，生长量最大，水分供给要合理充足。如水分不足，结球小，且疏松不紧实。但水分又不能过多，在高温、高湿条件下，容易发生病害，特别是结球中后期，要控制灌水，以防叶球开裂。

多雨季节，应及时清沟排水，防止根系发育不良。浇水要在早上或傍晚进行，避开中午高温。

特别提示

移栽培后要及时浇水。进入莲座期，要保证水分的供应。在结球中后期，要控制灌水，以防叶球开裂。

80 紫甘蓝秋季栽培大田期如何施肥?

除重施基肥外，生长期间还要追肥3～4次。幼苗定植活棵后，结合浇水追施1次稀人粪尿。进入莲座期，要适当加大追施量，每亩以尿素10～15千克，硫酸钾5千克，混合施用。紫甘蓝进入结球期后生长加快，生长量最大，保证充足的肥水，结球期要结合浇水追肥2～3次，一般每亩追施尿素15～20千克，环施于株间，并及时浇水。另外在结球中期浇稀粪水，后期也浇稀粪水或追施少量化肥。

特别提示

进入莲座期，要适当加大追施量。结球中期浇稀粪水，后期也浇稀粪水或追施少量化肥。

81 紫甘蓝秋季栽培大田期如何调节温度?

定植后，前期应注意高温危害。可通过加盖遮阳网和浇水来降低田间温度。后期，随着外界气温的下降，为保证紫甘蓝正常生长发育，应扣上塑料薄膜，夜间可加盖草苫子增加棚内温度，温度要保持白天15～20℃，夜间10～12℃。

特别提示

紫甘蓝秋季栽培，在生长前期要注意降温，后期保温。

82 怎样确定紫甘蓝的收获期?

当叶球包合达到一定紧实度后，可根据市场需求和紫甘蓝本身成熟度分期分批采收。当最低温度接近零下5℃时，应及时全部收获，防止冻害发生。

83 在什么条件下紫甘蓝最有利于贮藏?

适宜贮藏温度：紫甘蓝适宜贮藏温度是0℃，长时间在低于0℃条件下贮藏，紫甘蓝的紫红色会被破坏转向灰白色，使商品性降低。

适宜贮藏湿度：紫甘蓝适宜贮藏相对湿度在95%以上，贮藏环境湿度过低时，紫甘蓝外叶失水萎蔫，增加损耗，降低商品性。

贮藏紫甘蓝要选择秋茬，秋茬紫甘蓝产量高、品质好，较耐贮藏，并且贮藏后增值的空间较大。采前要求生产过程注意均衡施肥，过量施用氮肥会降低其耐藏性；采前1周不浇水，可有效提高其耐藏性。

84 贮藏紫甘蓝在收获后怎样进行预处理?

秋茬紫甘蓝一般在霜冻前收获，最好在清晨外温较低时采收，采收时最好将菜筐搬到地头，手扶菜头用刀从菜头根部砍下，除去靠近地面有泥土的叶片，保留较好的外叶，然后整齐码放在菜筐中。

装卸车要轻轻搬动菜筐，避免碰撞造成机械损伤。有些产地紫甘蓝收获后用网袋装，这种包装在远距离运输中较多见，网袋包装虽然会增加运输量，但在搬运过程中，容易造成机械损伤，不仅增加损耗，也不利于贮藏。近距离贮藏运输时，最好将菜筐搬到地头，可有效避免采后机械损伤，减少损耗。

85 紫甘蓝贮藏前如何进行预冷?

收获后要尽快运到贮藏地进行预冷。预冷方法可采用冷库预冷和差压预冷。冷库预冷：预冷库温度设在0℃，预冷时将菜筐顺着库内冷风的流向堆码成排，排与排之间留出20～30厘米的缝隙(风道)，靠墙一排要离墙15厘米左右，码垛高度要低于风机的高度。预冷时间1～2天。

差压预冷：预冷库温度设在0℃，预冷时按差压预冷机的要求进行堆码和预冷操作。预冷时间40～50分钟。

86 预冷后的紫甘蓝在贮藏前怎样包装?

预冷后的紫甘蓝为防止贮藏中失水，最好进行塑料薄膜包装，包装方法可采取：

单球包装 用0.01～0.02毫米塑料薄膜单球包装后码在菜筐中，堆码方法与冷库预冷要求相似，但堆码较预冷要紧密，不需要每排菜筐都留风道，可隔2排留1个风道。如预冷彻底，也可隔3排留1个风道。此种包装优点，不仅可以防止紫甘蓝失水，还可防止病虫害的传播。

套筐包装 可将0.03毫米塑料薄膜袋套在菜筐上，将袋口折叠。

大帐贮藏 可用0.03毫米塑料薄膜作成大帐，罩在菜垛上。也可直接将0.02~0.03毫米塑料薄膜直接盖在菜垛上。

87 紫甘蓝贮藏过程中如何调控温度?

冷库贮藏 温度0℃，贮藏过程中要保持冷库温度均衡，避免忽高忽低。贮藏2个月后，套筐或大帐贮藏要适当打开换气，或在薄膜上适量打孔，防止袋内结露，适量调节袋内气体并降低湿度。紫甘蓝在冷库，一般可存4~5个月。

普通菜窖贮藏 贮藏要求与贮藏结球白菜一致，要尽量使窖内温度接近0℃。用普通菜窖贮藏紫甘蓝时，因窖内温度受自然温度影响变化较大，不要进行塑料薄膜单球包装和套筐包装。为防止失水要尽量保持窖内的湿度。在贮藏过程中，要定期倒菜，随时捡出病虫腐烂株。秋冬季贮藏紫甘蓝，环境温度昼夜温差很大，要合理利用环境温度变化保持窖内适宜温度。此贮藏方法管理得好可以存3~4个月。

特别提示

紫甘蓝贮藏中主要问题是：失水萎蔫、叶片褪色和叶脉褐变。避免这些问题的发生，主要方法是要控制好贮藏环境的温度和湿度。

芥蓝栽培技术

芥蓝原产我国南方地区，栽培历史悠久，是我国著名的特产蔬菜之一。在我国南方地区普遍栽培，是秋冬季节栽培的主要蔬菜之一，深受人们喜爱。除本地鲜销外，还大量运往港澳以及东南亚地区，出口创汇。近年来，除南方外，我国其他地方也已开始引种、推广，在华北一些地区已建立了夏季生产基地，栽培面积正逐步扩大。

88 芥蓝各生长发育期有什么特点?

芥蓝的生长发育包括发芽期、幼苗期、叶丛生长期、菜薹形成期和开花结果期。种子发芽到菜薹形成是芥蓝的商品栽培过程，一般为 60 ~ 80 天。

发芽期　自种子播种至 2 片子叶展开、第一片真叶显露时为发芽期，约需 7 ~ 10 天。

幼苗期　第 1 片真叶抽出至第 5 片真叶展开为幼苗期，需 20 天左右。在这个时期，形成初步的同化器官和根系，并于茎端开始花芽分化。这段时期幼苗生长速度较慢，生长量只占总生长量的 5%。因此，生产上如采用育苗移栽，幼苗期结束时是移栽的适宜时期。

叶丛生长期 叶丛生长期第5叶真叶展开至植株显现花蕾为叶丛生长期，约需20~25天。此期叶片生长迅速，植株可长至8~12片叶，同时叶面积也在不断扩大，叶柄较长，茎部渐粗，节间较短。这一时期的长短，因品种及所处的条件不同而有差异。

菜薹形成期 从茎端现蕾至菜薹形成约需25~30天。主薹采收后，基部腋芽抽生形成侧薹。当侧薹长至17~20厘米，即达到采收标准，约需20天。

开花结果期 留种植株花茎不断伸长，产生分枝，花蕾不断形成，然后逐渐开花，花期约1个月左右。自初花到种子成熟约需70天左右。芥蓝开花后易与甘蓝类其他蔬菜天然杂交，留种时必须注意隔离。

特别提示

幼苗期结束时是芥蓝移栽的适宜时期。芥蓝菜薹可以不断形成，生产上可以多次采收。

89 芥蓝生长发育对温度有什么要求?

芥蓝喜温和气候条件，生长发育的温度范围较广，在10~30℃范围内均能生长，以15~25℃为生长适温，可忍耐零下2℃低温或轻霜，忌高温炎热天气。生长前期需较高温度，菜茎形成期需较低温度，忌高温炎热天气。

不同生长期对温度要求有所差异。发芽期以25~30℃为适宜，幼苗期适温为20~25℃，20℃以下则生长缓慢。15~20℃花芽分化最快。叶丛生长期适温为20℃左右。菜薹形成期适温为15~20℃，这时昼夜温差较大有利于菜薹生长。温度高于30℃则菜薹发育不良，纤维木质化，品质粗劣。低于10℃则菜薹发育缓慢。开花结果期需要温度稍高。因此，芥蓝的商品栽培以气温由高到低的夏秋季最为适宜。

芥蓝冬性不强，对低温比较敏感，适温条件下，幼苗期即可开始花芽分化。这个时期的长短，因品种和所处气候条件而定。过长、过短都不利于菜薹的生长发育。当发芽期、幼苗期温度较低时，花芽分化加快，叶片数少，未能有较大的叶面积而抽薹，造成菜薹细小，产量低。如温度高则花芽分化延迟，叶片过分生长，不仅菜薹收获期相应延迟，而且质量差。

特别提示

生长前期需较高温度，菜茎形成期需较低温度，忌高温炎热天气。芥蓝的商品生产以气温由高到低的夏秋季最为适宜。

90 苗期温度对芥蓝花芽分化、产量与品质形成有什么影响?

芥蓝性喜冷凉，较低温度为其生长发育、菜薹形成和获得高产所必需，而华南热带、亚热带地区夏秋季的高温限制了芥蓝的生长发育和菜薹的形成，导致产量下降，影响了芥蓝的周年生产与供应。

据研究，苗期不同温度对芥蓝花芽分化期有明显的影响，低温可诱导植株提早花芽分化，降低花芽分化时的叶位。随着温度的升高花芽分化逐渐推迟，分化时的叶位也逐渐上升。

苗期适宜的低温可促进光合器官的生长，提高光合作用，形成较多的光合产物，植物生长健壮，营养生长旺盛，为花芽分化提供丰富的能量和物质，进而促进花芽分化与菜薹的形成，提高菜薹的产量。生产中在低温条件下，叶面积较大，植株生长较好；温度越高，叶面积越小，植株生长越差。温度不仅影响芥蓝生长、花芽分化和菜薹的形成，而且也间接地影响了菜薹的品质。苗期温度低有利于菜薹维生素 C 和蛋白质的合成，菜薹品质较好，而随着温度的升高，菜薹维生素C和蛋白质的合成受到抑制，菜薹品质下降。苗期适宜的低温可促进芥蓝的生长发育，从而间接或直接地影响菜薹形成。

特别提示

低温是芥蓝生长发育与菜薹形成所必需的，苗期低温处理可诱导花芽的产生，促进菜薹的形成，达到提早上市的目的。

91 芥蓝生长发育对水分有什么要求？

芥蓝喜湿润，不耐干旱，尤其在成株期更要保持土壤适当的湿度。生长适宜的土壤湿度为80% ~90%。如果土壤缺水，空气又干燥，则茎叶生长发育会明显受阻，形成的菜薹品质粗劣。但芥蓝不耐涝，土壤水分过多，影响根系的生长发育，甚至停止生长，所以雨后应注意及时排水。

特别提示

芥蓝喜湿润，不耐干旱，不耐涝。在生产要注意控制水分。

92 芥蓝生长发育对光照有什么要求？

芥蓝属长日照作物，但对日照长短要求不严格。整个生长期间喜光照充足。光照条件好，植株生长健壮，茎粗叶大，菜薹质量好；但夏季强光会使菜薹老化。光照不足，植株易徒长纤弱，还容易感染病害。

特别提示

芥蓝喜光照充足。但在夏季栽培时要适当遮光，避免菜薹老化。

93 芥蓝生长发育对土壤营养有什么要求?

芥蓝根系浅，须根发达，根系多分布在15~20厘米的表土层，易产生不定根，虽然芥蓝对土壤的适应性较强，但最好选择土质疏松、保水保肥性好、富含有机质的以壤土、沙壤土栽培。并以中性或微酸性土壤最好。

芥蓝喜肥，对氮、磷、钾三要素的需求以钾最多，氮次之，磷较少。磷、钾对菜薹品质的影响较大，特别是钾肥对菜薹的形成和提高质量有特殊的作用。

芥蓝在不同的生长时期对各种养分的吸收量不等，前期的需肥量小，菜薹形成期是需肥高峰期。在生长前期对氮肥需要量大，而到菜薹形成期，对磷、钾肥需要量则相应增加。芥蓝吸收氮、磷、钾的比例为5.2: 1: 5.4。

特别提示

芥蓝根系较浅，喜中性或微酸性土壤，栽培时多施有机肥。

94 芥蓝的品种分为哪几种类型?

我国栽培的芥蓝品种很多，依花的颜色可分为白花芥蓝和黄花芥蓝两种类型。依其生育期可分为早、中、晚熟品种。

按花色分类 黄花芥蓝主产福建省，以采摘抽薹前的幼嫩植株或采摘嫩叶供食，株高30~40厘米，叶绿色或带紫色，被有蜡粉，茎秆肥大，节间距离大，不易抽薹开花，品种很少。白花芥蓝主产广东省，白花芥蓝又叫广东芥蓝，以采摘肥嫩的花蔓及其嫩叶供食，植株较直立，易抽薹，薹茎肉质，栽培面积广，品种较多。

按生育期分类 早熟种耐热性强，在较高温度下也能进行花芽分化，形成菜薹；中熟品种耐热性不如早熟种，耐寒性又弱于晚熟种，分枝力中等，产量高于早熟种；晚熟品种不耐热，较耐寒，分枝力较弱，一般产量较高、品质好。

95 芥蓝主要品种有哪些？各有什么特点？

香港白花早芥蓝 播种至初收60天左右。株型紧凑，生长整齐。叶片椭圆形，绿色，叶面稍皱，蜡粉多。主薹高20～25厘米，横径2～3厘米。花白色，初花时花蕾着生紧密，薹叶稀疏，花薹品质。主薹重100克左右，侧薹萌发力强，耐热性好。

登峰芥蓝 从播种至初收65～70天，延续收获达50天。叶片阔卵形，浓绿色，蜡粉中等，叶面稍皱。栽培适应性广，菜薹品质好，外观整齐，主薹节间疏，皮薄肉厚且脆嫩。一般主花薹高30～35厘米，横径2～3厘米，单薹重100～150克。花白色，品质好，外观整齐，分枝力强，抽薹一致。适应性广，耐寒性较好，抗病性强。侧薹萌发率中等，第一侧薹品质更优于主薹。亩产2500～3000千克。适于华南地区种植。适播期10～12月。

义才芥蓝王 定植后30～35天可开始采收。株高45厘米左右，开展度30～33厘米，基叶片卵圆形，长20厘米，宽16厘米，深绿色，叶面平滑微皱，少蜡粉，基部深裂成耳状裂片，叶柄长8厘米，主薹高40厘米左右，薹叶柳叶形，主薹粗壮，直径3～4厘米，节间疏，花白色，长势旺，耐湿较好，抗性强，适应性广，表皮粗纤维少，口感鲜甜爽脆，商品性状好。苗期20～25天，主薹单重150～200克，一般亩产量2000千克，管理适当，高产可达3000～3500千克。

柳叶早芥蓝 从播种至初收60～65天，延续采收约30天。植株生长势中等，叶片长卵圆形，灰绿色，叶面平滑，蜡粉多。主薹高约26厘米，横径2.3厘米，单薹重100～130克，品质好。抽薹整齐，但植株生长势弱，分枝力也弱，侧薹稍纤细。

细叶早芥蓝 从播种至初收需60～65天，可延续采收侧薹30

天左右。叶卵圆形，浓绿色，基部深裂呈耳状裂片，叶面平滑，蜡粉多，基部深裂成耳状裂片。主花薹高25~30厘米，横径2~3厘米，单薹重100~150克，品质优良。初花时花蕾着生紧密，质地爽脆，品质优良。侧薹萌发力强，薹叶卵形或长卵形。

荷塘芥蓝 播种至初收60~70天。叶片卵圆形，绿色，叶面平滑，蜡粉较少，基部有裂片。主薹高30~35厘米，横径2~2.5厘米，节间疏，薹叶狭卵形，白花，品质优良，皮薄，纤维少，味甜。主薹重100~150克，侧薹萌发力强。

迟花芥蓝 从播种至初收约80天，可连续采收较长时间的侧薹。株高约50厘米，开展度40厘米。叶片近圆形，浓绿色，叶面平滑，蜡粉少，基部有裂片。主薹高30~35厘米，横径3~3.5厘米，白色，初花时花蕾着生紧密。薹叶卵形或长卵形，品质好。主薹重150~200克。侧薹萌发力中等。亩产约2300千克。

中花1号 广州市蔬菜科学研究所选育而成。播种至初收62天，延续采收40~50天。叶近圆形，深绿色，叶面微皱。薹叶披针形，主薹高24厘米，横径1.8厘米，重55克。生势强，适应性广，侧薹萌发力中等，较耐热，较抗霜霉病，品质优良，亩产达1500~1800千克。广州地区播种期8~11月播种，最适播期9~10月份。苗期30~35天，株行距20厘米×24厘米。8~9月份定植的用遮阳网覆盖15~20天，防雨降温。适合全国各地种植。

中花13号 广州市蔬菜科学研究所育成。植株直立，株型紧凑，株高40厘米，叶卵圆形，深绿色，叶柄短，薹叶披针形，主薹高22~24厘米，横径1.5~1.8厘米，重40~55克。生势强，侧芽萌发力强，耐霜霉病，品质优良。中熟，播种至初收58天，延续采收30~35天，亩产1500千克左右。

皱叶早芥蓝 从播种至初收需65~75天。叶片大而厚，椭圆形，浓绿色，叶面皱缩，蜡粉多。主菜薹高30~40厘米，横径3~3.5厘米。白花，初花时花蕾着生较松散，蔓叶较大，品质好。

主薹重150～200克，侧薹萌发力强。

皱叶迟芥蓝 晚熟种。植株高大，生长势强，叶片大而厚，近圆形，浓绿色，叶面皱缩，蜡粉较少，基部有裂片。主薹高30～35厘米，横径3～4厘米，节间密，薹叶卵形，有皱，品质好。花白色，主薹重200～300克。初花时花蕾大而紧密，品质好，侧薹萌发力中等。

尖叶中迟芥蓝 中迟熟，播种至初收60～65天。株高45～50厘米，开展度38厘米，叶浅绿色，有蜡粉。主蔓高约30厘米，侧薹萌发力强，可延续采收侧薹的时间长，薹叶小，纤维少，质地脆嫩，品质优。亩产约2000千克。

早花芥蓝 从播种至初收50～60天，延续采收30～35天。株高33厘米，开展度30厘米，植株较直立。基叶近圆形，长16厘米，宽11厘米，青绿色。薹叶披针形，节间疏。主薹高约21厘米，横径2厘米，重约50克，侧薹萌发力中等。较耐热，在较高温度(27～28℃)条件下能较早形成菜薹。抗病性强，适应性广，品质优良。亩产1200～1500千克。适于夏秋种植，广州地区适播期5～9月，育苗移栽为主，一般苗龄25～35天，采用遮阳网覆盖育苗。具4～5片真叶时移植，株行距13厘米×16厘米。适于全国各地种植。

佛山中迟芥蓝 从播种至初收约70天，延续采收侧花薹可达70天。植株较高，生长势强，分枝力强，叶片椭圆形，平滑。主薹较长而肥大，花球较大，主花薹重50～200克，质脆嫩纤维少。

客村铜壳芥蓝 从播种至初收70～80天，延续采收侧花薹50天。植株较高大粗壮，生长旺盛。叶片近圆形，质地较薄，蜡粉少。叶面稍皱，叶缘略向内弯，形如壳状。叶基部深裂成耳状裂片。主花薹重约100克，质脆嫩，少纤维，侧花枝萌发力强。在保护地栽培表现良好，一般亩产2500千克。

幼叶早芥蓝 从播种至初收60～65天，延续采收侧薹30天。

植株的叶片卵圆形，深蓝绿色，叶面平滑，多蜡粉，基部深裂成耳状裂片。主薹中等高，花白色，花球紧密，主薹重 30 ~ 50 克，质地爽脆，分枝力强。

三员里迟花芥蓝 植株生长势强，茎粗壮，叶片大，近圆形，叶面平滑，少蜡粉。主花薹长，平均单重 150 克，质脆嫩，风味好。分枝力中等。从播种至初收约 80 天，加强水肥管理可延续收获 60 天，亩产 2500 千克左右。

福建黄花芥蓝 播种至初收约 50 天。植株开展，株高 30 ~ 37 厘米，宽 48 ~ 56 厘米。叶片椭圆形，长 30 ~ 34 厘米，宽 10 ~ 13 厘米，暗绿色，表面有蜡粉。叶柄绿白色，叶缘锯齿状。茎秆肥大，不易抽薹。菜薹重 50 ~ 80 克，以食嫩叶为主。菜薹细小，高 25 ~ 32 厘米，横径 1. 2 ~ 1. 5 厘米，薹叶狭卵形。抗逆性较强，露地和保护地栽培均可。

96 怎样选择秋季芥蓝栽培的品种?

秋冬季塑料大棚栽培芥蓝，宜选用耐寒、冬性较强的晚熟品种或抗寒性较强的中熟品种，早期播种也可以选用早熟品种。如铜壳叶芥蓝，皱叶迟芥蓝、迟花芥蓝、荷塘芥蓝、紫峰芥蓝、香港白花芥蓝、细叶早芥蓝等。

97 秋季栽培芥蓝什么时间播种?

播种时间与当地气候条件、栽培方式以及所选品种有密切关系。一般秋季露地栽培的，6 月上中旬育苗，7 月上中旬定植；塑料大棚栽培的，6 月中旬至 7 月初育苗，7 月中旬至 8 月初定植；改良阳畦栽培的，7 月上旬至下旬改良阳畦育苗，8 月上旬至下旬定植。

98 秋季芥蓝播种时要注意什么?

选择地势高而干燥、土质疏松肥沃的沙壤土，前茬作物不能是十字花科蔬菜。播种前每亩育苗地施入充分腐熟的有机肥3000~3500千克，翻匀、耙平，做成高20~30厘米，宽1.2~1.5米的高畦。

播种前，耙平整细畦面，浇足底水，待水渗下后，畦面上撒一层过筛细土，然后将种子均匀撒播或条播。播种完后再盖一层细土，覆土要均匀，不能过厚。也可先将育苗畦整平耙细，直接将种子撒在畦内。然后用四齿耙轻轻划动畦土，使种子与畦土混匀后，再踩踏畦土一遍，之后畦内浇透水。

特别提示

秋季栽培芥蓝，在育苗时要进行种子的土壤消毒。

99 怎样培育秋季芥蓝壮苗?

夏秋季育苗时，由于气温高、日照强，为防止畦面过干，播种后在畦面上盖层稻草或遮阳网，降温保墒。出苗时及时揭掉覆盖物。同时搭遮荫防雨棚，切忌畦内积水，防止幼苗碎倒病发生。白天控制温度在20~25℃，夜温在15℃以上。

幼苗出土后，可视土壤墒情浇水1次。夏秋育苗时浇水次数要更多一些，注意保持土壤湿润。当幼苗长到3~4片真叶时，每平方米育苗畦追施尿素15克左右，利于茎粗叶大，培育壮苗。

当幼苗长至2片真叶时，需及时间苗。间苗可分为2~3次进行。间除密苗、弱苗。有条件的，可在间苗时将幼苗移植到营养钵中。播种后25~30天，以不超过30天为宜，当幼苗长至5片真叶时，即达到适宜定植苗龄。

特别提示

播种后在畦面上盖层稻草或遮阳网，降温保墒；幼苗适当追施尿素；要及时间除密苗、弱苗。

100 秋季芥蓝在定植时要注意什么？

宜选择排灌方便、富含有机质的沙壤土地块。每亩施堆厩肥2500～3000千克，过磷酸钙50千克，缺钾地块再加20～30千克硫酸钾混合撒施。耕翻耙平后做畦。芥蓝的定植密度应根据品种特性、栽培季节和栽培条件而定。早熟品种株行距(16～18)厘米×(18～20)厘米，中熟品种株行距(20～25)厘米×(20～25)厘米。播种、定植期延迟、植株生育适期缩短的，定植密度可适当加大。

在定植前一天，将育苗畦浇透水，起苗时不易散沱，带土定植到田间。定植时要边起苗边定植，定植后及时浇水，防止植株萎蔫。

特别提示

芥蓝早熟品种的栽植密度可以适当大一些，中熟品种则适当稀一些。棚室栽培的密度可以小一些。

101 秋季芥蓝对水分有什么要求？

芥蓝喜湿润，生长期间要经常保持土壤湿润，才能保证植株正常生长。但芥蓝又不耐涝，根系分布区内不能积水，以防止根部病害的发生。浇过定根水后，隔1～2天浇缓苗水，以促使新根萌发，使其迅速恢复生长。活棵后适当蹲苗，促进根系发育，蹲苗时间可根据土壤墒情、植株长势、品种熟性等灵活掌握。土壤墒情差、幼苗长势弱或选用早熟品种等，蹲苗时间宜短或不蹲苗。生长期间土壤相对湿度保持在80%～90%。如叶面积较大，叶片鲜绿、油润，蜡粉较少，说明水分充足、长势良好；如叶片较小，叶色淡，蜡粉多，则是缺水的表现，应及时浇灌。一般5～7天浇1次水。

特别提示

芥蓝喜湿润的环境，但不耐涝，田间不能积水。

102 秋季芥蓝对肥料需求是怎样的?

在施足优质基肥的基础上，追肥要本着勤施、轻施、逐渐加大肥料浓度的原则。在幼苗活棵后，追1次稀粪尿作提苗肥。定植后15天左右第2次追肥，每亩施尿素15～30千克或人粪尿1500千克，可促进植株营养体生长。植株现蕾后，菜薹发育迅速，应进行第3次追肥，这个时期的肥水供应，对菜薹的产量和品质影响很大，是肥水管理的关键时期之一。一般每亩施氮、磷、钾复合肥15千克，也可每亩施10～15千克尿素，加磷酸二氢钾5千克，在大部分植株主薹收获后，为促进侧薹的生长，应连续重施追肥2～3次，每亩每次可用复合肥15千克，或用50%的人粪尿500～700千克。

特别提示

菜薹的产量和质量与幼苗期和叶丛生长期植株的营养生长密切相关。只有在幼苗期和叶丛生长期植株生长旺盛、茎粗壮、叶数多而肥大的情况下，植株才能积累更多的光合产物，从而获得较高的菜薹产量和质量。

103 栽培秋季芥蓝时怎样管理温度?

秋季芥蓝栽培过程中，温度变化较大。定植至缓苗期，白天温度控制25～26℃，不超过30℃，夜间16～17℃，不超过20℃。缓苗后，叶丛形成至现蕾前，白天温度为20～22℃，夜间12～15℃。现蕾至花薹采收期，白天温度18～20℃，夜间10～12℃。

104 栽培秋季芥蓝为什么要中耕和培土？

芥蓝缓苗后要及时中耕，中耕可保持土表疏松，促进根系发育。芥蓝生长中后期，茎由细变粗，上部较大，形成头重脚轻，易倾斜或折断，所以在中耕的同时要进行培土，以保证植株健壮生长和发育。

105 秋季栽培芥蓝如何防治病虫害？

芥蓝很少发生病害，在老菜区，秋冬塑料大棚芥蓝的主要病害是霜霉病，个别地方还会发生菌核病。霜霉病发病初期喷洒75%百菌清可湿性粉剂500～800倍液，或65%代森锌可湿性粉剂500～700倍液，或64%杀毒矾可湿性粉剂500倍液等，隔7天1次，连续2～3次。菌核病发病初期喷洒50%甲基托布津可湿性粉剂500倍液，或25%多菌灵可湿性粉剂500倍液，隔7天1次，连续2～3次。常见的虫害有菜青虫、小菜蛾和蚜虫，苗期可用菜喜、阿维菌素等农药防治。采收期必须使用防虫网或Bt乳剂防治，亩用药量100～150克。

106 芥蓝的采收有什么要求？

芥蓝的菜薹包括薹叶和薹茎。在菜薹的形成过程中，前期以薹叶生长为主，后期以薹茎生长占优势。薹茎较粗大，节间较疏，薹叶少而细嫩，为优质菜薹。为保证质量，必须适时采收。采收的标准是齐口期，即芥蓝的花茎与基部叶片大致在同一高度，花球欲开而又未开的时候采收，质量最佳。采收过早过迟均不宜。

采收的方法从主薹植株基部5~7叶处切下，切口应稍斜；采收侧薹是在第1、2叶处切摘，基部留2片叶子，促其发生适量的粗壮侧薹。芥蓝采收后可分扎成整齐的小捆用保鲜膜包装上。若不能及时上市，可放于0℃条件下预冷，然后在0~5℃条件下冷藏保鲜，视行情随时上市。

特别提示

芥蓝可以多次采收，采收标准为花序充分发育，花蕾尚未开放，这时花薹长到最大，品质最好。

107 芥蓝春季栽培有什么特点？

春季栽培芥蓝，可在保护地中早熟栽培，也可在露地栽培。收获的商品供应早春或初夏上市。

108 芥蓝春季栽培如何选择品种？何时播种？

采取保护地栽培芥蓝，宜选用耐湿、耐热性好的中、早熟品种。春露地芥蓝栽培以中熟品种为佳，如荷塘芥蓝、福建芥蓝等，早熟品种抽薹早，气温低时易老化，品质差；而晚熟品种采收晚，商品性低。

塑料大棚早熟栽培的，多在1月中旬至下旬播种，2月下旬至3月上旬定植；露地栽培为了提早上市，增加经济效益，可采用温室育苗，露地移栽。2月底至3月初温室播种，用蛭石做基质，用228孔穴盘育苗最好，因穴盘苗易成活且不倒苗。播后3~5天即可出苗。

特别提示

保护地栽培宜用中、早熟品种；春露地芥蓝栽培以中熟品种为佳。

109 芥蓝春季栽培育苗移栽时如何培育壮苗?

芥蓝保护地早熟栽培，采取育苗移栽的方式种植。选择保水保肥力强的壤土或黏壤土作苗床地，床土选用近 3 年未种过十字花科蔬菜的肥沃园土与充分腐熟过筛圈粪按 2∶1 比例混合均匀，每立方米加三元复合肥 1 千克，将床土铺入苗床内，厚度 10 厘米。整地、耙细后灌足底水。水渗下后，撒一层细土，然后将种子均匀撒播或条播。播种完后再盖一层细土，覆土要均匀，不能过厚。

苗期严格控制温度，出苗前，白天以 25～30℃，夜间不低于 18℃为宜；出苗后白天维持 25℃左右，夜间 13～15℃，防止较长时间低温；在苗期若长时间遭遇低温，容易出现先期现蕾现象，影响生长，降低产量。这时的营养体尚未完全长成，积累的同化产物少，形成的花薹也必然纤细，降低花薹产量和品质。当苗龄 25～30 天，具有 4～5 片真叶时，就要定植，苗龄不能过长，防止僵苗发生。

育苗期间要保持基质湿润，防止失水或积水。为促进幼苗早发，在 2～3 片真叶时，用 0.2% 磷酸二氢钾溶液叶面施肥 1～2 次。并且在出苗后要及时间苗，避免幼苗过密而引起徒长。早整地、早施肥、早定植。

特别提示

幼苗期和叶片生长期是菜薹发育的基础阶段，苗壮才能获得较高的菜薹产量和质量。芥蓝春季栽培在苗期要保持较高的温度，以避免幼苗期便通过春化，引起早期抽薹。

110 芥蓝春季栽培怎样定植?

芥蓝是喜肥耐肥蔬菜，但根系入土浅，主要分布在 10～20 厘米耕作层中，不能吸收深层土中的养分，因此，宜选择土壤肥沃且保水保肥良好的壤土种植，忌与十字花科蔬菜连作，以防加重病害。

在3月底4月初，当幼苗5～6片真叶时，选健壮幼苗定植。定植前整地、施底肥，每亩露地施腐熟堆肥2～3立方米，保护地施肥4～5立方米，耕翻时将肥和土掺匀，整平做畦。定植前15天左右扣棚烤地，提高棚内地温。

露地种植，早熟种行距30厘米，株距20～23厘米，中熟种行距33厘米，株距23～25厘米，晚熟种行距33～35厘米，株距30～35厘米；保护地种植，由于温度低、侧薹少，可适当密植，中熟种株距30厘米，行距23厘米，晚熟种株距33厘米，30厘米行距。

定植时选健壮苗带土定植，栽苗不宜深，以苗坨土面与畦面栽平或稍低1厘米。定植后浇定根水，由于气温低，蒸发量小，浇水量宜小。如浇水量过大，容易降低地温，造成土壤板结，不利于缓苗。

定植时间宜选择晴天上午进行，浇水稳苗，并注意剔除病苗、弱苗，按苗的大小分级种植，以利于提高产量。由于采用穴盘育苗不伤根、不倒苗，因此生长快、上市早。

特别提示

芥蓝定植时栽苗不要过深，苗心不能埋入土中。定植时间宜选择晴天上午进行，定植后浇水稳苗。

111 芥蓝春季栽培怎样调控温度?

保护地栽培时，定植后要密闭大棚，注意防寒保温。定植至缓苗温度白天维持22～25℃，高温高湿有利于幼苗缓苗。缓苗后进入叶丛生长阶段，20～25天内要逐渐降温，以20～22℃为宜，但不能低于15℃。花薹形成期适当降低温度，最高温度不能高于25℃，最低温度不能低于15℃，以较大的昼夜温差为好。随着外界气温的逐渐升高，要不断加大通风量，直至撤棚，转为露地生产。

缓苗后要选晴暖天气适时中耕，以保墒和提高地温，促进根系发育。现蕾前再连续中耕2~3次，及时除去田间杂草，适时进行培土，以防植株倒伏或折断。

特别提示

春季栽培，温度管理是关键，尤其是在保护地内栽培的。露地栽培的，应注意天气变化，加强温度管理。

112 芥蓝春季栽培怎样进行肥水管理?

定植后4天左右，幼苗恢复生长后进行第1次追肥浇水，促进植株营养生长，增加叶面积，为菜薹形成奠定物质基础，促进花薹发育。每亩追施15~20千克尿素，10千克氮磷钾复合肥；叶丛生长期，以畦面见干见湿为宜；植株现蕾后的菜薹形成期的肥水供应对菜薹的产量和品质影响很大，结合浇水进行第2次追肥，一般每亩追施10千克尿素、15~20千克氮磷钾复合肥，这个时期保持土壤湿润，土壤相对湿度以80%~85%为佳。主薹采收后再一次进行追肥，促进侧薹的生长，延长采收期，提高产量。为了便于根系对养分的吸收，肥水和清水交替使用为好。

113 芥蓝春季田间栽培还有哪些管理措施?

芥蓝栽培要适时蹲苗，以促进根系发育。蹲苗时间可根据土壤墒情、植株长势、品种特性等灵活掌握。土壤墒情差、幼苗长势弱，蹲苗时间应缩短或不蹲苗。一般在缓苗后进行。芥蓝前期生长较慢，定植后10~15天根系逐渐恢复生长，但植株较小，行株间易生杂草，雨后土面又易板结，所以缓苗后结合蹲苗及时中耕除草，促进根系发育，提高土壤温度和保墒能力，并适时进行培土，以防植株倒伏。

特别提示

蹲苗可以促进根系发育，中耕除草不但可以促进根系发育，还可以提高土壤温度和保墒能力。

114 芥蓝春季栽培何时采收效益高？

第1次采收，在主薹顶部接近上部叶片时进行。花薹在花序充分发育，花蕾尚未开放时最为肥嫩，为采收适期。采收是否得当，对产量和品质有很大影响；采收过早产量低，采收过晚，花蕾开花，组织硬化，品质差，同时抑制侧芽萌发，影响侧薹的生长和发育，进而影响产量。主薹采收后加强肥水管理，促进侧薹的生长发育。一般主薹采收15～25天，侧薹采收30～40天。

特别提示

花薹在花序充分发育、花蕾尚未开放时最为肥嫩，为最佳采收期。

115 芥蓝采种地有什么要求？

在黄淮地区采种，必须春播。一般于3月中旬播种于阳畦内，最迟不得晚于4月10日。采种田应远离甘蓝类植物，距离不少于2千米。选择花薹肥大，茎叶稀疏，花序整齐一致的植株做母株。花期注意搭架防倒伏，同时在田间放蜂以利传粉。整个花期维持1个月左右，自初花到种子成熟约80天。当85%的种角变黄、籽粒转黑成熟时，用镰刀割下，就地晾晒，使种子后熟3～5天，再运至场上脱粒。扬净后，晾硒至水分不高于8%时即可入仓。一般亩产种籽50～75千克。

特别提示

制种栽培以春播为主，要与甘蓝类植物隔离。

抱子甘蓝栽培技术

抱子甘蓝是甘蓝中的一个变种，直立生长，株高0.5~1米。每一叶腋的腋芽均能膨大成直径为2~3厘米、重10~15克的小叶球。每株能形成小叶球25~40个。每个小叶球都是乒乓球大小的完整甘蓝球，形状珍奇，风味独特，美味可口，纤维少，甜味浓，品质优良，是一种营养丰富的高档蔬菜。抱子甘蓝在我国的栽培时间不长。近年来，抱子甘蓝在国际市场上备受青睐，随着生活水平的提高，人们对各种稀、特蔬菜需求量不断增加。同时，国际市场对抱子甘蓝的需求量也不断增加。目前，在北京、广州、云南等地已开始种植

116 抱子甘蓝生长发育需要什么样的温度?

抱子甘蓝喜冷凉，耐热性不如甘蓝，不耐高温。耐寒性较好，气温即使降到零下4~零下3℃，也不至受冻害，能短时间耐零下13℃或更低的温度。抱子甘蓝在生长期间的适温为18~22℃。南方在秋冬季，白天阳光充足，夜晚有轻霜冻，品质最好。在高温下其小叶球易腐烂、开裂，品质变劣。高温强日照时，生长发育不良，易发生病虫害。在植株叶生长期要求温度稍高，平均20℃

左右，有利于营养生长。温度降到 5～6℃，则茎叶生长受抑制。结球期要求较低温度，白天适温 15～20℃，夜间 9～10℃，昼夜温差大有利叶球形成和养分积累，温度高于 23℃，不利叶球形成，而且小叶球易开裂、腐烂。

特别提示

抱子甘蓝生长适温为 18～22℃。叶片生长期要求温度稍高。结球期要求较低温度，白天适温 15～20℃，夜间 9～10℃，温度高不利于叶球形成。

117 抱子甘蓝的生长发育对水分有什么要求？

抱子甘蓝不耐干旱，要经常浇水，保持土壤湿润，但不能积水。各时期对水分要求不同。前期茎叶生长期，要求土壤与空气保持适当湿度，苗期要保持半干半湿。但若幼苗期降雨过多，田间湿度过大，易导致根际腐败枯死。反之，过于干旱，空气过于干燥，幼苗长时间处于干旱环境，也会导致幼苗萎缩衰弱或枯死。长到 10 多片叶时，生长趋于健旺，抵抗不良环境的能力也不断增强，这时期要求较高的土壤湿度和空气湿度。中后期空气干燥有利叶球形成。

特别提示

苗期喜湿不耐涝，莲座后期要求较高的土壤湿度和空气湿度。中后期空气干燥有利于叶球形成。

118 抱子甘蓝的生长发育对光照有什么要求？

抱子甘蓝属长日照植物，对光照要求不太严格。如果光照充足时，植株生长旺盛小叶球较大并紧实。光照不足，植株易徒长，节间长，叶球变小。但在叶球形成期如遇高温和过强光照，则不利于芽球的形成。

119 抱子甘蓝的生长发育对土壤有何要求?

抱子甘蓝对土壤的适应性广。喜微酸性土壤，适宜在pH值6.0~6.8的土壤中生长，太酸也不利于生长。苗期以土层深厚、富含有机质、保水保肥力强的壤土或沙壤土为最适宜。如土壤过于沙化，不利于形成充实的叶球。定植时要求土层深厚，有机质含量高，黏质壤土为好。抱子甘蓝在生长过程中，需要充足的氮、磷、钾肥，尤其对氮肥的需要量较多。

120 怎样安排抱子甘蓝的栽培季节?

抱子甘蓝以露地栽培为主。南方冬季温暖、夏季炎热的地区，露地栽培只能秋播，7月中下旬至8月上旬播种育苗，苗床用遮阳网覆盖防高温暴雨，9月中旬定植，12月中旬至第2年3月收获。

长江中下游地区播种适期从6月下旬至7月下旬，需设防雨棚加遮阳网，用穴盘育苗，11月至第2年3月收获。露地春栽的，1~2月保护地育苗，3月定植，5~6月份始收；或3月上中旬育苗，4月定植，7~10月采收。

华北地区春保护地栽培一般于12月至第2年的1~2月育苗，2~3月份定植，5月底至6月采收。春露地栽培一般于2月上旬在保护地育苗，3月下旬定植，6月下旬开始采收。秋露地栽培6月底育苗，7月下旬至8月初定植，10月下旬移植塑料大棚或日光温室内，12月底采收。北方冬季寒冷的地区宜于春季4月上旬在保护地育苗，5月下旬或6月上旬定植露地，8月中下旬开始采收。

特别提示

南方露地栽培只能秋播；长江中下游地区可以采取秋季栽培和露地春栽培；华北地区一般采取春保护地栽培或秋露地栽培；北方冬季寒冷的地区宜夏秋季露地栽培。

121 抱子甘蓝分为哪几种类型?

按植株高矮，抱子甘蓝可分为矮生种和高生种。矮生种株高50厘米左右，特点是生长快，生长期较短，适宜于早熟栽培，芽球密生而数少，叶球大。高生种株高达100厘米以上，生长缓慢，大多为晚熟种，叶球疏生而多，一般每株有60个以上。因此，产量较高，生产上栽培较多。

按叶球大小又可分为大抱子甘蓝和小抱子甘蓝。前者直径在4厘米以上，产量高，品质稍差。后者直径在4厘米以下，产量稍低，品质好。

另外还可以根据定植至采收长短分为早熟、中熟和晚熟种。早熟种定植后90～110天采收，中晚熟种定植后110～115天采收。

特别提示

冷凉和寒冷地区多行春播，选用早熟品种，8～12月收获，温暖地区多行夏播，选耐热性强的早熟和中熟品种，11月至第2年3月收获。

122 抱子甘蓝主要优良品种有哪些？各有什么特点?

早生子持 从日本引进的杂交一代早熟品种。定植后90天采收。植株为高生型，前期生长旺盛，耐暑性较强，在高温或低温下均能结球良好。植株节间短，株高100厘米左右。叶绿色，蜡粉较少。小叶球圆球形，球径2~2.5厘米，绿色，整齐而紧实。单株结球较多，每株约收芽球90多个，品质优良。顶芽也能形成叶球。

长冈交配早生子持 从日本引进的一代早熟杂交品种。从定植到收获约100天。植株矮生型，株高42厘米左右，植株开展，叶浅绿色。芽球圆球形，较小，直径2.5厘米左右。

王子 从美国引进的杂交一代早熟品种。植株高生型，株形苗条，小叶球多而整齐，可鲜销或速冻。从定植至收获96天，栽培方法与晚熟种甘蓝基本一样，不耐高温，在高温的夏季小叶球易松散。

斯马谢 从荷兰引进的杂交一代晚熟品种。从定植至采收需120~130天。植株中高型。叶球中等大小、深绿色，紧实，整齐，品质好。耐贮藏，经速冻处理后，叶球颜色鲜艳美观。该品种耐寒能力极强，适宜冬季保护地栽培。

探险者 从荷兰引进的晚熟种。定植后需150天收获。植株中高至高型，生长粗壮。叶片绿色，有蜡粉，单株结球多，叶球圆球形，光滑紧实，绿色，品质极佳。该品种耐寒性很强，适宜早春、晚秋露地栽培或冬季保护地栽培。6~10月份可以排开播种，每亩用种量25克左右，播种后35~45天真叶5~6片时可定植，定植行距70厘米，株距50厘米，每亩密度2000株。

多拉米克 从荷兰引进的杂交一代品种。从定植到收获需120~130天。中高型，生长茂盛茁壮。芽球光滑，易采收，耐贮藏，耐热性较强，适于春、初夏栽培。

增田子特 从日本引进的中熟品种。定植后120天开始采收。植株生长旺盛，节间稍长，株高100厘米左右。叶球中等大小，直径3厘米左右。不耐高温。适宜秋播，冷凉时结球，可全株一起采收。

科仑内 从荷兰引进的杂交一代中熟品种。植株高100厘米左右，叶灰绿色。芽球光滑，直径3厘米左右，生长整齐，可机械采收。露地春栽于2月上旬保护地育苗，3月中旬定植，6月下旬采收，如育苗定植则130天后采收。

温安迪巴 由英国引进的杂交一代中晚熟品种。从定植至收获130天左右。矮生型，株高约40厘米，植株生长整齐，叶片灰绿色。叶球圆球形，绿色，品质较好。

京引1号 北京市农林科学院从国外引进的优良品种中选育的中熟品种。从定植到收获需120天。矮生型，株高38厘米。叶片椭圆形，绿色，叶缘上抱。叶球圆球形，较小，紧实，品质好。

绿橄榄 从荷兰引进的杂交一代早熟品种。定植后100～120天能采收。株型直立，叶色浓绿，叶球直径2.5厘米，单球重10～15克，每株接球40～45个，玲珑可爱，叶质柔软，纤维少，甘味多，口感佳。抗病性强，耐寒性好，适宜北方地区春、秋保护地种植，长江流域露地种植。

湘优绿宝石 隆平高科湘研蔬菜种苗分公司育成的一代杂交品种。从定植至始收约90天左右。植株生长势中等，株高约60厘米，开展度50厘米，小芽球紧实，细嫩，叶球纵径4.2厘米，横径约3.2厘米，平均有小芽球50个左右，单个鲜芽球质量约14克，株产约500克，亩产1000千克左右。耐寒，抗病性好。

123 抱子甘蓝秋季栽培应选择哪种类型的品种?

要根据当地的气候条件及现有的农业设施和市场的需要，选择适宜的品种。根据多年的实践，我国华北以南地区，宜选择定植后约90～100天能成熟的早熟品种，如美国产的王子，荷兰的科仑内、多拉米克，日本产的早生子持、长冈交配早生子持、子宝等。采取日光温室栽培除选用早熟品种外，还可用中熟品种栽培。

特别提示

大棚种植宜选择早熟品种，日光温室栽培还可用中熟品种栽培。

124 怎样确定抱子甘蓝的播种量？何时播种较好？

抱子甘蓝种子千粒重4克左右，按每亩定植株数2000株、种子发芽率100%计算，每亩用种8克，但实际用种量应比理论值高20%～30%，故育苗的每亩用种量8～15克。

播种期根据各地栽培季节而定。一般苗龄40天左右，幼苗5～6片真叶时定植。

125 秋季栽培怎样利用苗床培育抱子甘蓝壮苗？

苗床应选择在通风良好、地势平坦、排溉方便、土壤肥沃的非十字花科蔬菜地块。播前要精细整地，施足腐熟有机肥，与床土充分混匀，并耙细耙平，做成1.2米宽的高畦，或者在苗床整平后铺15～20厘米厚的营养土。营养土的配置可用肥沃园土3～5份，腐熟并过筛的厩肥3～5份，蛭石或炉渣灰2～3份，充分混合后，按1立方米营养土再加入过磷酸钙1千克，尿素0.3千克，拌匀铺平。播种前一天浇透水，第二天进行播种。

播种要均匀，播种不能过密，防止秧苗细弱。播后用轻基质盖籽，不宜过厚，否则出苗慢，幼苗不壮。如覆盖过薄会造成种子带壳出土，影响幼苗生长发育，厚度以盖没种子即可。播种后可再用黑色遮阳网在床面上直接覆盖，并喷洒少量清水，保持畦面湿润。

播种后白天温度保持在20～25℃，夜间不低于10℃。待种子开始出苗时，要及时除去遮阳网，同时在畦上搭阴棚继续覆盖遮阳网，晴天上午10时至下午2时盖一段时间降温。白天温度保持在15℃左右，不超过25℃，土壤相对湿度保持在70%～80%。由于抱子甘蓝的耐热性较差，最好要用大棚加盖防雨棚和遮阳网育苗，可起到降温和防暴雨冲刷的作用，既便于管理，又有利于提高幼苗素质。当幼苗具2片真叶时分苗1次，分苗床的要求同育苗床，分苗床面积需35～40平方米，苗距12厘米见方。分苗后适当提高温度，白天16～20℃，夜间不低于10℃，促进幼苗生长。

特别提示

苗床要施足腐熟有机肥，耙细耙平，播前浇水。播种不能过密，要防止高脚苗产生。播种后温度和湿度管理很重要。幼苗出现2片真叶时分苗。

126 怎样利用穴盘培育抱子甘蓝壮苗？

由于抱子甘蓝种子多为进口，因此价格比较昂贵。有条件的地方宜选择穴盘或者营养钵育苗，以减少用种量，降低成本。这种育苗方法还可以提高成苗率，便于苗期管理，省去了间苗、分苗的步骤。

可采用128孔的穴盘或直径10厘米的营养钵。营养土的可以用草炭、蛭石各50%，每立方米加入40千克腐熟有机肥或尿素、磷酸二氢钾各1.2千克；也可以用大田土配制，每立方米营养土需过筛无病菌大田土600千克，有机肥400千克，尿素0.25千克，磷酸二铵1千克，与土充分混匀，然后装盘。

播种前，营养土浇透水，待水渗后，在上面均匀撒一层细土，然后每穴播1～2粒种子。播后覆蛭石或细土1厘米，一次成苗，定植后成苗率可达95%～100%。

苗期注意遮阳防雨，保持温度在20～25℃。因为外界气温较高，水分蒸发快，所以要加强水分管理，穴盘中营养土保持湿润。当苗龄达35天左右、秧苗有5~6片真叶时即可定植。

特别提示

秋季播种宜采用营养钵育苗，并在防雨棚加遮阳网下育苗。种子开始出苗时，及时除去遮阳网，为了降温防暴雨，畦上面宜搭矮的平棚继续覆盖遮阳网，日盖晚揭。

127 抱子甘蓝秋季栽培怎样进行定植?

抱子甘蓝生长期长，植株高大，需肥较多，应定植于土质肥沃、排水良好的地块。种植的田块要早耕、深耕、晒田，施入充足的有机肥。每亩可施入腐熟的有机质肥4000~5000千克，复合肥50千克，磷酸二铵30千克，耕耙整平后作畦。地势高、排灌方便的沙壤土地区，可开浅沟或半高畦栽培；如果土质黏重，地下水位高，易积水或雨水多的地区，则宜作高畦。

定植密度应根据品种和栽培方式确定。中晚熟高生种，一般采用单行定植，畦宽(连沟)1.2米，株距40~50厘米，亩植苗1200~1400株左右；矮生种双行定植，畦宽(包括沟)1.4米，株距50厘米，亩植苗1800~2200株。起苗前苗床应浇透水，带土定植，以保护根系，定植后浇足水。

特别提示

定植时要注意两点。一是要施足基肥，清沟沥水；二是根据品种和栽培方式确定定植密度。

128 秋季栽培抱子甘蓝在生长期怎样浇水?

抱子甘蓝性喜湿润，要根据天气情况和不同生育期要求，适时浇水。定植水浇过后 3～5 天，再浇 1 次缓苗水。缓苗 7 天左右，浅中耕 1 次。为促进根系发育，浇过缓苗水后，即开始控水蹲苗，但控水时间不宜过长，一般早熟品种为 7～10 天，中晚熟品种可长些，并且要注意保持一定的土壤湿度，不可过于干旱而影响生长。以后要保持田间土壤湿润，发棵期到芽球膨大期，逐渐加大浇水次数。进入叶球采收期，外界温度较低，15～20 天浇水 1 次。雨季要注意及时排除积水，以免影响植株正常生长。

特别提示

定植活棵后 10 天左右，开始控水蹲苗，以促进根系发育，蹲苗时间 7～10 天。以后要保持田间土壤湿润，发棵期到芽球膨大期，逐渐加大浇水次数。

129 秋季栽培抱子甘蓝在生长期怎样施肥？

抱子甘蓝生长期长，需肥量多，在施足基肥的基础上，生长过程中还要多次追肥才能满足需要。追肥应以氮肥为主，钾肥次之，磷肥较少。大约需要 4 次追肥。

定植后 4 天，植株成活，施 1 次薄肥，以利植株恢复生长，可用人粪尿或尿素，每亩施用尿素 7～10 千克，追肥后培土。定植后 20 天，追施发棵肥，促进植株营养生长，每亩施用复合肥 15～20 千克，为后期芽球膨大打好基础。植株进入芽球膨大期，追追第 3 次肥，以促进叶球的发育和膨大，每亩施尿素 15 千克，另外，在叶面喷施 0.3% 的磷酸二氢钾，每周喷 1 次，连续喷 3 次。第 4 次追施肥料是在芽球采收期，每采 2～3 次追肥 1 次，第 2 次以后每次追肥量为尿素 15 千克。从定植缓苗到莲座期要中耕 3～4 次，结合中耕进行植株根部培土，防止植株倒伏。

特别提示

在施足基肥的基础上，分别在4个生长时期追施速效肥，以满足抱子甘蓝的生长需要。

130 怎样调节秋季栽培抱子甘蓝生长期的温度？

植株生长前期宜保持较高的温度，白天22～27℃，夜间13～15℃；当夜温降至5℃时扣棚膜，白天棚内温度16～20℃，夜间10℃左右，不低于5℃；叶球形成期白天温度13～16℃，夜间7～10℃。

131 抱子甘蓝秋季栽培时怎样进行植株调整？

抱子甘蓝植株较高大，特别是高生种，形成的叶球又较多，易形成头重脚轻，容易倒伏。在株高近40厘米时，用50～80厘米高的竹竿插直立架，上部用绳扎好，预防倒伏。对于基部结球不良的腋芽及病叶要早摘除，减少养分消耗，利于通风透光。当叶球发育肥大时，叶柄会压迫叶球，应在叶球膨大初期，自下而上分次逐渐打老叶。打老叶的同时摘除顶心这样有利于营养向下转移，促进叶球膨大，提高芽球的数量和质量。

132 秋大棚抱子甘蓝病虫害发生有什么特点？如何防治？

抱子甘蓝抗病性强，病虫害较少发生。但大棚湿度大于90%或管理粗放时，病虫害仍很严重。主要病害是黑根病、霜霉病、黑腐病和菌核病，可分别用20%甲基立枯磷乳油1200倍，或65%代森锌可湿性粉剂400～700倍，或72%农用硫酸链霉素4000倍，或50%扑海因可湿性粉剂1000～1500倍防治。虫害主要是菜青虫、小菜蛾和蚜虫，分别用吡虫啉、阿维菌素、易福、灭幼脲 3 号、一遍净喷雾防治。

133 秋季栽培的抱子甘蓝如何采种?

在秋播的抱子甘蓝中，选择生长适应性强、小叶球多而整齐一致的植株，不摘顶芽，待小叶球收获完毕后，集中种植于采种圃。采种圃要设在日光节能温室中，冬季要经常放风，使温度处于 1 ~5℃ 范围内，春季气温转暖时，即把温室裙部塑料薄膜拆下，换上防蚜纱网，抽薹后进行人工授粉，6 月中旬种子成熟即行收获，并于秋季播种栽培。如群体整齐，无杂异株，小叶球保持优良性状时，可再选择单株作种株，株系间异花授粉，扩大繁殖。

134 抱子甘蓝春季栽培如何选择品种?

日光温室春季早熟栽培宜选用早熟品种，于 1 月上旬温室育苗，2 月中下旬定植，5 月中旬至 6 月上旬收获；也可选择晚熟品种，于 12 月下旬至 1 月播种育苗。春季露地栽培早熟品种在 4 月中旬播种，5 月下旬定植，8 月开始收获；中熟种 5 月上旬播种，6 月定植，9 月中旬开始收获。

由于春季栽培结球期正值高温季节，易导致叶球松散，产量质量降低，所以多以日光温室春早栽培为主，选用早熟品种栽培。

135 抱子甘蓝春季栽培采取什么方法育苗好？如何播种?

春季早熟栽培多采用穴盘或营养钵育苗。这种方法比较精准，一次成苗，不需要间苗、分苗。栽植 1 亩大田的用种量约为 15 克。

可选择 72 孔穴盘，基质用草炭和蛭石各 50%，或草木灰、蛭石、废菇料各 1 份，覆盖用蛭石，每立方米基质加 1.2 千克的尿素和1.2千克的磷酸二氢钾，肥料与基质混拌后备用。约需28～29个穴盘，基质0.14立方米。如在保护地建育苗床的。育苗床每亩施腐熟的有机肥3000千克，浅翻做成1.2～1.5米宽的平畦。保护设施应于播种前扣严塑料薄膜，夜间加盖草苫子，尽量提高苗床地温。

播种前种子用50～55℃温水烫种，然后在30℃水中浸种2～3小时，用纱布包好置于20～20℃环境下催芽，当50%种子露白后进行播种。每穴播种1～2粒种子，覆盖1厘米厚的蛭石。然后喷透水，出苗后及时查苗补缺。

136 抱子甘蓝春季栽培怎样培育壮苗？

抱子甘蓝易通过春化阶段，温度管理是春季栽培成功的技术关键之一。播种后要立即扣严塑料薄膜，夜间加盖草苫子保持育苗畦内温度。白天保持23℃左右，夜间10～15℃，促进出苗。出苗后适当降低苗床温度，白天15℃左右，夜间5℃左右。此期外界温度较低，要注意防寒保温，以防温度过低而使生长缓慢。晴暖天气要注意通风，防止温度过高，造成秧苗徒长。

由于播种时基质已浇透水，而此时外界温度也较低，因此苗期一般不需要再浇水。当基质略显干燥时，可以喷洒少量的清水，以见干见湿为宜。三叶一心后，结合喷水进行1～2次叶面喷肥。如水分过大，要撒一层干细土，或在满足温度条件下，利用通风来降低湿度。

当苗龄40天左右，幼苗具有5片真叶时即可定植。定植前一周要进行低温炼苗，使幼苗更好地适应定植环境。

137 抱子甘蓝春季栽培怎样进行定植？

要选择阴天或晴天傍晚进行。覆膜双行栽培，按株行长距50

厘米×60厘米定植，每亩栽植2000～2200株。应带土移栽，尽量减少伤根，定植后及时浇水，以利成活。

由于抱子甘蓝生长期长，个体较大，应重施基肥。每亩施用熟腐有机肥3000千克，磷酸二铵15千克，磷钾肥25千克；有条件的，可亩施优质农家肥4000～6000千克，加复合肥30千克。深翻耕细整平，做成1.2～1.4米宽畦田。

138 抱子甘蓝春季栽培在生长期怎样浇水施肥?

生长前期保持湿润，中后期土壤见干见湿为宜。定植后及时浇水，3天后再浇1次缓苗水。缓苗7天左右浅中耕1次，控水5～7天，土壤湿度保持在70%～80%，促使扎根。以后要保持田间土壤湿润，发棵期到芽球膨大期，逐渐加大浇水量。进入叶球采收期，10～15天浇水1次。

定植缓苗后应即时松土，防治土壤板结，增强透气性，莲座期前应松土2～3次，每次浇水后适时中耕。

在施足底肥的基础上，整个生长期中还需追肥4次以上，每次可结合浇水追施，定植后7天左右施提苗肥，每亩用尿素10千克左右；定植后20天后施发棵肥，每亩15千克左右，以促进植株营养生长，使其芽球在开始膨大前叶片数、叶面积都达到一定标准，为后期芽球膨大打下良好的基础。植株进入芽球膨大期每亩施尿素10～15千克或硫酸铵15～20千克，促进小叶球发育膨大。以后每采收2～3次，应追肥一次。全生育期约需氮肥40～60千克，钾肥25千克，磷肥20千克。生长中后期为防治缺钙素症的发生，还需叶面喷施0.3%～0.5%的氯化钙，进行补钙3～4次。

139 抱子甘蓝春季栽培怎样管理生长期的温度?

春季栽培，前期温度低，保护地要注意保温，以防抱子甘蓝提前通过春化阶段而先期结球。栽培后期，外界温度逐渐增高，而抱子甘蓝结球期所需要的温度较低，因此，要适时通风，降低棚室内温度。

定植后应保持较高的温度，白天20~25℃，夜间13~15℃，以促进缓苗。缓苗后适当降温，白天16~20℃，夜间不低于5℃。叶球形成期，要降低温度，白天13℃，不宜超过20℃，夜间7~8℃，不高于10℃，不低于5℃。

140 抱子甘蓝春季栽培时怎样进行植株调整?

当植株中部形成小叶球时要将下部老叶，黄叶摘去，以利通风透光，促进小叶球的发育，也方便小叶球的采收。随着小叶球的逐渐膨大，还要将小叶球的叶片从叶柄基部摘掉，防治叶柄挤压小叶球，使之变形或变偏。在气温高时，植株下部的腋芽和已变松散的小叶球也应时摘掉，以免消耗养分和为蚜虫提供藏身之处。当植株有60片叶以上时摘心，促使下部芽球的形成，一般矮生品种不需摘心。

141 抱子甘蓝如何采收?

抱子甘蓝要适时采收，当叶球充分发育膨大，结球紧实，达到本品种标准大小即可采收。如采收过晚，叶球开裂，质地变粗硬，商品性降低。优质产品的标准是：小叶球直径达到品种特性，抱合紧实，球色鲜绿。

抱子甘蓝沿着茎自下而上逐渐形成小叶球，因此，总是下部的叶球先成熟，故采收一般要从下部开始，依次向上陆续采收，根据具体情况也可上下同时有选择地采收。采收时用小刀沿着茎，从小叶球基部横切割下。去掉小叶球外叶即可。

特别提示

春季栽培结球期正值高温季节，易导致叶球松散，产量质量降低，要选用早熟品种栽培。采用穴盘或营养钵育苗。抱子甘蓝易通过春化阶段，温度管理是春季栽培成功的技术关键之一。前期温度低，保护地内要注意保温，以防抱子甘蓝提前通过春化阶段而先期结球。栽培后期，外界温度逐渐增高，而抱子甘蓝结球期所需要的温度较低，因此，要适时通风，降低棚室内温度。当植株有60片叶以上时摘心，促使下部芽球的形成，一般矮生品种不需摘心。

142 日光温室小黄瓜、菜心、抱子甘蓝栽培模式效益如何？怎样安排生产？

河北藁城试验的模式：春小黄瓜3月中旬开始采收，6月初收获完毕，亩产量6000千克；菜心8月上旬收获完毕，亩产量2000千克；秋抱子甘蓝11月中旬开始采收，2月上旬采收完毕，每亩产量1500千克。

春小黄瓜品种选用戴多星，于1月上旬播种，2月中旬定植。菜心选早熟品种四九菜心，于6月上旬干籽直播，8月上旬采收。

秋抱子甘蓝品种选用京引1号、探险者。7月中旬于露地采用遮荫棚育苗盘育苗，每亩用种量为15克。定植前施足基肥，精细整地后按行距70厘米做小高垄，垄高15厘米。在8月中旬植株长有3～4片真叶时按株距40厘米定植，亩密度大约为2300～2400株。定植后浇足定植水，在采收前分3次追肥，分别在定植后4～5天、定植后1个月和芽球膨大期。叶球形成前，白天保持16～20℃，夜间10℃左右；叶球形成期，白天13℃左右，夜间

8℃左右。中耕培土定植后注意中耕，以后加强根际培土工作。

143 日光温室抱子甘蓝、茴香、黄瓜栽培模式效益如何？怎样安排生产？

河北藁城试验的模式：亩产抱子甘蓝 2000 千克，茴香 1500 千克，黄瓜 5000 千克，年纯效益 2.5 万元。

抱子甘蓝品种选用适合于秋冬茬生产的品种，如京引 1 号、探险者。采用育苗移栽大苗法播种，在 7 月初于露地搭遮阳棚育苗盘育苗，每亩用种量为 15 克，需苗床面积 6 平方米，每立方米营养土需过筛无病菌大田土 600 千克，有机肥 400 千克，尿素 0.25 千克，磷酸二铵 1 千克，混匀后装盘浇透水，待水渗后，在上面均匀撒一层细土，然后每穴播一粒种子，播后覆细土 1 厘米，一次成苗。苗期管理尽量控制温度和水分。定植前施足基肥，整好地后按行距 70 厘米做小高垄。当长有 5 ~3 片真叶时按株距 40 厘米定植，亩栽 2300 ~2400 株，定植后浇足定植水。缓苗后应及时浇水，以后土壤见干见湿，在采收前分 3 次追肥，定植后 3 天追活棵肥，定植 1 个月后追催苗肥，使其在结球前外叶要达到 40 片，在芽球膨大期追第 3 次肥，以后在采收 2 ~3 次芽球后追 1 次肥。当叶球充分发育膨大，结球坚实，横径达 2 ~5 厘米时采收。11 月中旬开始收获，5 月中旬收获完毕。

茴香品种选择选用株高 20 ~30 厘米，有 7 ~9 片叶，适应性强，再生能力强，产量高的扁粒小茴香品种。播种前疏松土壤，于 12 月底撒播在抱子甘蓝行间，宜密植。播前催芽，等种子露白时开始播种。播种后盖土 1 厘米厚，保持气温在 10℃，畦面湿润。播后 6 ~7 天可出苗。齐苗后及时间苗。播后 2 个月当苗高 20 ~30 厘米时开始收获，可多次收获。

黄瓜选用鲜食小黄瓜品种。按常规栽培。

球茎甘蓝栽培技术

球茎甘蓝又称苤蓝、擘蓝、芥蓝头、松根、玉蔓茎等，为二年生草本植物，是甘蓝种中能形成肉质茎的一个变种，与甘蓝相比，其食用部为球状肉质茎。球茎甘蓝的皮色多为绿色、绿白色、浅黄绿色，少数品种紫色。球茎甘蓝适应性强，易栽培，耐贮藏、运输。

球茎甘蓝于16世纪传入我国，在我国北方及西南各地作为特菜新品种栽培较普遍。国外以德国栽培最为普遍。

144 球茎甘蓝各生长发育有何特点?

球茎甘蓝为二年生蔬菜，从种子萌发到开花结实需经过营养生长和生殖生长2个阶段。第一年生长出根、茎、叶等营养器官，经过冬季感受低温而通过春化阶段。球茎甘蓝冬性比甘蓝弱，对低温要求不严格，易完成春化阶段，第二年春季长日照适温条件下抽薹、开花，形成种子，6～7月份种子成熟，完成生殖生长阶段。

营养生长期 从种子萌动发芽到长出第一对基生叶片并展开，与子叶形成“十”字时称为发芽期，一般冬春季10～15天，夏秋季需8~10天。从第3片基生叶展开到长出第8片真叶为止，称为幼苗期，一般需30~60天。从第8片真叶形成到小球茎开始膨大为止称为莲座期，一般需30~35天，此时根吸收养分和叶片同化能力强。从肉质茎开始生长到完全膨大为球茎形成期，一般需30~70天，早熟品种相对较短，晚熟品种相对较长。

种株有一个休眠期，长江中下游以南地区可露地越冬，往北地区用于繁种的种株假植，贮藏于窖中，到第2年气温回升、有利生长时定植露地，一般需100~120天。

生殖生长时期 从球茎甘蓝肉质茎顶端生长点抽出花薹到花薹长成，为抽薹期，一般需25~40天。从显蕾、开花到全株花谢，为开花期，一般需30~40天。从花谢至角果变成黄熟时，为结荚期，一般需30~40天。

145 球茎甘蓝生长发育对温度有何要求?

球茎甘蓝生长温度范围较宽，在6~22℃的温度条件下均可正常生长，但喜温和、冷凉气候。球茎甘蓝在不同的生长发育阶段对温度有着不同的要求。

种子在3℃时就能缓慢发芽，但发芽适温为23~25℃，适温条件下3天即能出苗。刚出土的幼苗抗寒能力稍弱，幼苗稍大时，耐寒能力增强，能忍受较长期的零下2~零下1℃及较短期零下5℃低温。

球茎甘蓝肉质茎生长适温为15~20℃。昼夜温差明显时，有利于养分积累，肉质茎生长良好。气温在25℃以上时，特别在高温干旱下，球茎生长不良，肉质纤维化，球茎小。肉质茎较耐低温，能在5~10℃的条件下缓慢生长，但成熟的肉质茎抗寒能力不强，如遇零下3~零下2℃的低温易受冻害。因此如采种株露地越冬，不能过早播种，否则越冬前会形成过大的肉质茎，易受冻害。

抽薹开花期抗寒力弱，10℃以下，影响正常结实，零下1℃以下花薹受冻。适宜开花结荚的温度为20～25℃。

146 球茎甘蓝生长发育对水分有何要求?

球茎甘蓝的根系分布较浅，不耐干旱，在湿润气候条件下有利外叶和肉质球茎生长。特别在肉质茎膨大期，土壤一定要保持湿润。在幼苗期和莲座期能忍耐一定的干旱。当空气相对湿度在85%～90%和土壤湿度75%～85%时，球茎甘蓝生长最好。土壤水分不足，则易引起球茎部叶片脱落，植株生长缓慢，肉质球茎小或成畸形。

147 球茎甘蓝生长发育对光照有何要求?

球茎甘蓝属长日照作物。在植株未完成春化前，长日照有利于营养生长；完成春化后，长日照有利于加速抽薹、开花。在光照不足的条件下，幼苗易徒长，球茎叶变黄，易脱落。在肉质茎膨大期，要求日照较短和光强较弱。因此，一般在春季和秋季比夏季和冬季适宜栽培。

148 球茎甘蓝生长发育对土壤养分有何要求?

球茎甘蓝对土壤的适应性较强，以微酸性(pH值5.5～6.5)的土壤为最好。球茎甘蓝生长过程中，需养分也较多，为获得优质高产，最好选用土层深厚、有机质含量高的肥沃土壤栽培。在不同生长过程中，氮、磷、钾要适当比例配合使用。一些微量元素，如镁和磷等，如吸收不利，生育也会受阻，容易发生根部病害。

据研究，球茎甘蓝植株鲜重、干重以出苗后76～90天增长最快。在亩球茎产量条件下，平均每生产1000千克球茎，植株需要吸收氮3.28千克，五氧化二磷51.94千克，氧化钾3.17千克，硫1.06千克。

植株不同生长时期对各种养分的吸收量及比例不同。出苗后1~45天，植株吸收氧化钾>氮>五氧化二磷>硫；出苗后46~75天，植株吸收氮>氧化钾>五氧化二磷>硫；出苗后76~90天，植株吸收氧化钾>五氧化二磷>氮>硫。植株对氮吸收强度最大的时期在出苗后61~75天；植株对五氧化二磷、氧化钾及硫吸收强度最大的时期均在出苗后76~90天。

149 怎样安排球茎甘蓝的栽培季节?

球茎甘蓝适应性强，各地均可栽培。但由于气候差异，所以各地的栽培季节有所不同。

南方温暖地区除了炎热的夏季不能栽培，其他季节均可以栽培。

长江流域，春露地栽培一般在3月中下旬播种，如采用保护地育苗，一般在2月下旬至3月上旬播种，5月中旬至7月下旬收获。春保护地栽培，一般12月至第2年1月育苗，2~3月定植，4~5月收获。秋露地栽培一般选用早、中熟耐热品种，可在6月下旬至8月播种，7月下旬至9月定植，10月上旬至11月收获。

华北地区，一般春季和秋季两茬栽培。春季栽培用冷床或温床育苗，播种期1月上旬到2月上中旬。秋季栽培在7月至8月播种。

北方高寒地区，露地栽培为一年一大茬，选用中晚熟品种，3月下旬至4月上旬阳畦播种育苗，苗龄30~60天，5月下旬至6月上旬定植。也可利用保护地栽培，一般9月上旬播种育苗，12月至第2年2月收获。

特别提示

球茎甘蓝喜温和、冷凉气候，生长温度范围较宽，在6～22℃的温度条件下均可正常生长。球茎甘蓝根系浅，不耐干旱。一般在春、秋季比夏、冬季适宜栽培。球茎甘蓝对土壤的适应性较强，以微酸性的土壤为最好，在不同生长过程中，氮、磷、钾要适当比例配合使用。

150 球茎甘蓝品种是如何分类的？

根据球茎形状可分为圆球形和扁圆球形。目前国内球茎甘蓝主栽品种多为扁圆球形。

根据生长期的长短可分为早熟种、中熟种和晚熟种。从定植到收获需45～60天的为早熟种；从定植到收获需60～80天的为中熟种。从定植到收获需80天以上的为晚熟种。

根据球茎大小可分为小型种和大型种。一般小型种为早熟种，大型种为中、晚熟品种。

151 球茎甘蓝主要品种有哪些？

天津小英子 从定植到始收期60天左右。叶小稍尖，柄细，球茎扁圆形。皮薄，肉质细嫩，单球重比0.5～1千克，亩产2500～3000千克。

早白 从定植到始收期50～60天。又叫捷克白苤蓝，植株矮小，叶片小而狭长。叶柄细长，球茎扁圆球形，绿白色。皮薄，光滑，品质好，早熟。单球重0.5～1.0千克，亩产2000～2500千克。

二叶子 早熟品种，从定植到始收60天左右。植株较小，叶片细小而长，叶片仅有14片左右。球茎扁圆形，单球重1.0千克。亩产2000千克左右。适于西南地区作春、夏、秋季栽培。

金毛根 从定植至球茎收获50天。球茎近圆形，单球重1.0千克左右。亩产3000千克左右。耐热性强，适于夏秋季栽培。

天津青茎蓝 从定植至球茎收获60～65天。叶簇直立，植株生长健壮，不易抽薹。球茎扁圆形，外皮绿色，有少量白粉，皮薄、质脆、鲜嫩、品质好，单球重1.0千克左右。产量5000～6000千克。耐热，耐寒，适应性强。适于春、秋季栽培，每亩定植6000株。

内蒙古扁玉头 从定植至球茎收获120～130天。植株较大，植株高50～60厘米，开展度57厘米×70厘米。叶簇半直立，有大叶20片左右，倒卵圆形，绿色，叶面蜡粉较多，叶柄白绿色。球茎扁圆形，茎皮浅绿色，肉白色，肉质细致脆嫩。纵径15厘米，横径17厘米，单球茎重约3000克。适应性强，适于西北高寒地区春季及其他地区四季栽培。每亩定植1500～1800株，每亩产量3000～4000千克。

吴忠大苤蓝 定植至收获130～150天。株高60～65厘米，开展度70厘米×75厘米。叶簇半直立，有叶45～55片，叶长卵圆形，灰绿色，叶面蜡粉多，叶柄白绿色。球茎扁圆形，顶端平，纵径18～22厘米，横径20～24厘米，球茎表皮浅绿色。叶球重4000～8000克，亩产4000～5000千克。耐寒、耐热、耐阴湿性强。抗黑腐病和病毒病。球茎肉质硬脆，纤维少，水分适中，味淡，品质中等。

早冠 生育期80天左右，定植后45天左右可收获。植株生长势中等，株高32～40厘米，开展度65～72厘米。球茎扁圆形，浅绿色，表面光滑，叶片少，叶痕浅。高7厘米左右，横径18厘米左右，单球重800克左右。株型紧凑，适宜密植，亩产可达2700～3000千克。可用于保护地及露地栽培。

152 球茎甘蓝春季栽培有什么特点?

华北地区采用阳畦育苗，适宜播期1月上中旬。温室育苗适宜播期12月中下旬；冀南地区采用阳畦育苗，适宜播种期为1月下旬至2月上旬；长江流域可在塑料大棚中育苗，2月中旬至4月下旬播种。播种期不能过早，播种过早，营养体过大，苗龄过长，易引起“早期抽薹”现象。适宜选择冬性强、耐抽薹、球茎呈扁圆形的早、中熟春苤蓝品种。

153 春季球茎甘蓝宜选用什么品种?

春保护地栽培的品种应选择白苤蓝类型的早熟种。如早白、天津小英子。

154 春季球茎甘蓝播种时要注意什么?

选择土壤疏松、肥沃，水源方便，近2~3年未种过十字花科作物的地块做苗床。播种前深翻晒田，播种前1周施足基肥，按每10平方米施腐熟厩肥50~100千克做基肥。然后耕翻耙细，使土壤疏松，土肥混匀。做成1.2米宽的高畦。

播种前先浇足底水，待水渗下，先在畦面均匀地撒1层约0.5厘米厚的细土，然后进行播种。种子一般不采用催芽处理，干种或用50℃温水浸泡15~20分钟后捞出晾干后即可播种。播种量每10平方米50克种子为宜。播完后及时用细土覆盖，覆土厚度0.5厘米左右，要求全苗床覆土厚度均匀一致。然后在畦面上盖地膜，并加盖草帘保墒增温。

特别提示

苗床用未种过十字花科作物的地块，种子不采用催芽处理。

155 怎样培育春季球茎甘蓝壮苗?

出苗后，及时揭掉覆盖物，防止烤苗。齐苗后如苗床湿度过大，需撒一层干细土，厚度约0.5厘米左右，以降低苗床湿度，防止土面龟裂。可结合间苗一起进行。

苗床适当扩大昼夜温差，温度控制为白天20~25℃，夜间5~8℃为宜，防止苗子徒长。随着外界气温的升高，要逐渐加大放风量。春季播种气温较低，阳光也不太充足，苗床管理要兼顾温度和光照。一般白天上午10:00揭掉草帘透光，下午16:00盖上草帘保温，当床内幼苗出现徒长时白天中午应适当通风降温，使幼苗生长健壮。球茎甘蓝是绿体春化作物，如苗期管理不当，致使幼苗生长过快，植株过早达到春化苗龄，幼苗易感受低温而通过春化阶段，从而会发生未熟抽薹现象。球茎甘蓝一般不分苗。也可以在幼苗长到3~4片真叶时，按行株距6厘米×5厘米的距离进行1次分苗。幼苗长至5~6片真叶时即可定植。定植前1周进行低温炼苗。

156 春季球茎甘蓝定植时有什么要求?

充足的肥水条件，是球茎甘蓝取得丰收的关键。选择土壤肥沃，保水保肥力强的地块，清除杂草，深耕晒田。亩施优质农家肥5000千克，复合肥30千克，再深耕，土肥掺匀后耙平，做成高畦，可以防止积水漫根，避免球茎着地腐烂。基肥不足时，可于做畦后每亩撒施过磷酸钙30千克，尿素5千克或磷酸铵15千克，再将畦土挖松，搂平。

根据不同品种特性，确定株行距。一般早熟品种由于球茎不大，以25~35厘米的株行距为宜，中晚熟品种株行距为35~45厘米。起苗前将苗床浇透水，起苗时要带好土坨，栽植深度不宜过深或过浅。栽得过深，将影响球茎膨大，过浅则球茎又偏向一方生长，以致变成畸形。一般栽植的深度，都是以子叶齐平为标准。要边定植边浇水，尽量减少伤根。

特别提示

球茎甘蓝喜水喜肥，要求施足底肥。根据不同品种特性，确定株行距。

157 春季球茎甘蓝定植后怎样追肥？

春季栽培前期温度低，植株生长较慢，如基肥充足，到球茎开始膨大前一般可不追肥，球茎开始膨大及球茎膨大中期结合浇水每亩分别追施尿素 15～20 千克，以满足球茎甘蓝对肥水条件的要求。一般当球茎达 3 厘米以后，追肥要用低浓度，防止球茎生长过快，发生裂球，影响品质和商品性。在球茎膨大期，用0.3%的磷酸二氢钾水溶液喷 2～3 次，连叶背面也喷到，效果更好。

早熟品种在长出两个基生叶后，再生长出 8 片叶子，即形成 1 个叶环，此时球茎便开始膨大，靠这些叶片制造养分，供球茎膨大。中晚熟品种要靠第 2～4 个叶环的叶片制造养分供给球茎生长，因而中晚熟品种比早熟品种球茎大，产量高。根据这个特点，早熟品种追肥数量、次数可少点，而中晚熟品种生长期长，需肥量大，要追肥 4～5 次。

特别提示

球茎甘蓝对氮吸收强度最大的时期在出苗后 61～75 天；植株对五氧化二磷、氧化钾及硫吸收强度最大的时期均在出苗后 76～90 天。前期温度低，植株生长较慢，如基肥充足，到球茎开始膨大前一般可不追肥，球茎开始膨大及球茎膨大中期是施肥的重点时期。

158 春季球茎甘蓝定植后怎样管理水分?

定植以后及时浇定根水和缓苗水，一般1周左右即可缓苗。缓苗后，及时中耕保墒，提高地温，促进根系发育。注重蹲苗，不可过早追肥浇水，否则易引起植株徒长，影响球茎发育，表现叶片多、球茎小、成熟迟。因此，栽培上要求在球茎膨大中后期直径达4厘米以上时开始浇水。浇水应均匀，以保持土壤湿润为标准，灌水相隔的时间与数量应相对一致。相隔时间相差过大，或每次灌水量不均匀时，易使球茎生长时紧时松，最终长成畸形球茎。一次灌水过多，特别在缺水过久的情况下，若遇大雨或灌水过多时，将使球茎开裂。至球茎膨大时，待球茎心叶不再生长时，即已接近成熟，不再浇水，防止球茎破裂。

定植水后土壤稍干时，可中耕1～2次，并开始蹲苗。中耕可提高地温，促进根生长，减少水肥流失。球茎甘蓝生长过程中，若发现植株倒地，应及时扶正，防止球茎贴地腐烂。在球茎开始膨大时，结合中耕，可稍向球茎四周培土，但不能培土过深，使其始终直立向上生长。到生长后期，即莲座期叶已封垄时，停止中耕，如有杂草应随时拔除。

特别提示

球茎甘蓝缓苗后，及时中耕保墒，提高地温，促进根系发育。注重蹲苗，促进根系发育，防止植株徒长。在球茎膨大中后期直径达4厘米以上时开始浇水，接近成熟，不再浇水，防止球茎破裂。

159 球茎甘蓝何时采收才能效益高?

春季栽培的球茎甘蓝收获期前后，气温较高，球茎达上市标准后应及时采收，供鲜食用更宜早收，否则太迟收获，常因高温的影响，导致肉质变硬，茎肉纤维增多、老化，降低品质。球茎甘蓝收获方法简单，用刀自球茎下根茎处砍断，打掉叶片即可。

当球茎达到采收标准时，及时采收。迟收会影响球茎品质，降低商品质量。为了提早上市，也可在球茎达到商品要求时，提前采收。

160 怎样确定秋季球茎甘蓝的播种时期？

一般为 6～8 月播种，多选用耐热、耐寒的中晚熟品种，早熟品种也能栽培，但产量较低。北方大部分地区，秋季于 7 月下旬播种育苗，8 月中下旬定植，10 月中下旬收获。夏季不太炎热的地区，可于 4 月下旬至 5 月中旬播种育苗，6 月上中旬定植，8～9 月收获。

161 秋季球茎甘蓝播种时要注意什么？

由于育苗正值多雨季节，因此播种前选地势高而干燥、排灌便利、土质疏松、肥沃的沙壤土做苗床。亩施优质农家肥 5000 千克，复合肥 25～40 千克，或过磷酸钙 30 千克，尿素 5 千克。然后深耕，土肥混匀后耙平，做成高畦。

播种前，苗床浇足水，然后均匀地撒上一层厚 0.5 厘米的细土，之后播种。播种时，每平方米均匀撒种 6～8 克，播后覆细土 1～1.5 厘米。秋季气温较高，苗床表面易因高温板结，播种后可在苗床上加盖草帘或遮阳网降温保湿。

特别提示

育苗期高温多雨时，要注意防止病害，如猝倒病的发生。

162 怎样培育秋季球茎甘蓝壮苗？

球茎甘蓝播种后 3～4 天即可出苗。出苗后要及时撤除覆盖物，防止幼苗徒长和高温烤苗。然后在苗床上盖一薄层过筛细土，护根防倒。覆土后，在苗床上方加盖遮荫防雨棚，做好苗床的遮荫、防晒、防雨工作，一般在中午前后阳光强烈时覆盖。

子叶展开后及时间苗，拔除丛生苗、弱苗、病苗，苗距2~3厘米。2~3片真叶时再间苗1次，苗距5~6厘米。也可以在苗龄15天左右，苗有2~3片真叶时分苗1次。苗床要保持土壤湿润，苗床干燥时，要适时浇水。浇水要在早上或者傍晚进行。

育苗时期正值高温季节，水分蒸发量大，应适时浇水，以防止苗床表土板结。浇水不宜过多，应小水勤浇，保持苗床湿润。雨前要做好防雨准备，可在棚架上搭盖塑料薄膜，雨后及时排水。

特别提示

根据育苗期的气候条件，防止幼苗徒长和高温烤苗，搭建遮阳防雨棚，及时间苗，适时浇水。

163 秋季球茎甘蓝定植时有什么要求？

选择地势高而干燥、排灌方便、土壤疏松肥沃、前茬为非十字花科蔬菜的地块定植。前茬收获后，每亩施优质有机肥4000~5000千克，三元复合肥50千克，耕翻20~25厘米，耙细整平，作高畦或半高畦。

当幼苗具有4~5片真叶，苗龄30天左右时定植。定植前将苗床浇透水，以便起苗时多带土，少伤根。秋季栽培，一般要在阴天或者晴天傍晚进行定植。栽植深度以球茎着生为标准，若过深，将使球茎变成长圆形；过浅，则球茎会偏向一方生长，形成畸形。定植后及时浇水，第2、第3天根据天气情况每天浇1次水，以利成活。

特别提示

苗龄 30 天左右，有 4 ~ 5 片真叶时，在阴天或者晴天傍晚时定植。

164 秋季球茎甘蓝定植后怎样管理水分?

秋季栽培，温度高，蒸发量大，要适当多浇水，降温、保墒。同时植株生长前期处于高温多雨季节，既要防旱，又要防涝。始终保持土壤见干见湿为好，在球茎膨大期，浇水一定要均匀，否则球茎易开裂或畸形。心叶不再生长、球茎接近成熟时，停止浇水，防止球茎破裂。

165 秋季球茎甘蓝定植后怎样均衡施肥?

秋季前期气温高，后逐渐降低，这种温度条件正适合球茎甘蓝的生长。由于秋季栽培的品种一般为中熟品种，生育期长，产量高，因此需要充足的肥水条件，促进植株快速生长。定植活棵后，进行中耕、除草，追施稀薄的人粪肥。形成叶环时施重肥，每亩追尿素 15 ~ 20 千克、球茎膨大期间，再追肥 2 次，每次施尿素 15 千克左右。追肥过早，叶片过旺，不利于球茎膨大。追肥应深施埋严，随即浇水，以降低施肥浓度，以免球茎生长过快，发生裂球。

特别提示

在球茎甘蓝形成叶环时开始加大施肥量，球茎膨大期是放肥的重点时期，施肥要少施勤施。

皱叶甘蓝栽培技术

皱叶甘蓝是甘蓝种中能形成具有皱褶叶球的一个变种。它与普通甘蓝的区别在于它的叶片卷皱，而不像其他甘蓝的叶那样平滑。在营养生长期，皱叶甘蓝叶片薄壁组织生长快于叶脉，在较快的生长过程中，空间不足以使其伸平生长，因而形成皱褶。由于大量的皱褶，叶表面积增大，皱叶叶片不大即可结成叶球，叶球形状大多为圆球形。

皱叶甘蓝于近几年刚引入我国，栽培面积较小。皱叶甘蓝口感比普通甘蓝更佳，已得到消费者的认可，具有市场开发潜力。

166 皱叶甘蓝生长发育有什么特点？

皱叶甘蓝生长发育过程与普通甘蓝相同，有营养生长期和生殖生长期两个阶段。营养生长期包括发芽期、幼苗期、莲座期和结球期；生殖生长期，包括抽薹期、开花期和结角期。

167 皱叶甘蓝生长发育对温度有何要求？

皱叶甘蓝冬性强，比普通甘蓝耐寒。其营养生长期适温为白天20～25℃，夜间6～10℃。叶球的形成需在莲座期长出一定数量的叶片后，在较冷的气候下形成，适宜温度为白天15～20℃，夜间6～10℃。在昼夜温差大，有利于养分积累，叶球生长良好。

对于高温的适应力在不同时期而有差异，在幼苗和莲座叶形成时期，对高温适应能力较强。进入结球时期，当气温在25℃以上，特别是高温加上干燥情况下，物质积累减少，降低产量和品质。对低温春化要求严格，抽薹较晚。适宜开花结荚的温度为20～25℃。

168 皱叶甘蓝生长发育对水分有何要求?

皱叶甘蓝根系分布较浅，吸水能力不强，不耐干旱，要求在湿润的环境条件下生长。一般在80%～90%的空气湿度和70%～80%的土壤湿度下生长最好。特别是对土壤湿度的要求比较严格，如果保证了土壤湿度，即使空气湿度较低，植株也会生长良好。

气候干燥、土壤水分不足时，易引起茎部叶片脱落，植株生长缓慢，叶球小。如果雨水过多，土壤排水不良，又会使根系受到积水的影响，导致植株死亡。因此在秋季干旱少雨时，要注意灌水。而在春夏多雨时，要注意排水。

169 皱叶甘蓝生长发育对土壤有何要求?

皱叶甘蓝耐肥，对土壤的适应性较强，以中性和微酸性土壤为好。但皱叶甘蓝对土壤营养元素的吸收量多，栽培上应尽量选择保肥、保水性能好的肥沃土壤。同时要有充足的有机肥和复合肥作基肥，生长期间还应追施较大量的肥料。从而保证皱叶甘蓝有充足的养分供生长。

170 皱叶甘蓝生长发育对光照有何要求?

皱叶甘蓝是长日照喜光作物，在没有通过春化阶段的情况下，长日照条件有利于营养生长，对光强的适应能力宽。完成春化阶段后，长日照有利加速抽薹、开花。

在光照不足的条件下，幼苗茎节易伸长，成为徒长高脚苗。莲座期缺少光照，表现为基部叶萎黄，易脱落，新叶继续散开，不利于结球。结球期，要求较短的日照和较弱的光照，所以一般在春、秋季节比夏季结球好。

特别提示

皱叶甘蓝耐寒，叶球的形成适宜温度为白天15~20℃，夜间6~10℃。昼夜温差大有利于养分积累，叶球生长良好。皱叶甘蓝根系分布较浅，吸水能力不强，不耐干旱。皱叶甘蓝耐肥。喜光照，莲座期缺少光照，表现为基部叶萎黄。结球期，要求较短的日照和较弱的光照，所以一般在春、秋季节比夏季结球好。

171 怎样安排皱叶甘蓝的栽培期？

皱叶甘蓝与普通甘蓝栽培季节相似，但皱叶甘蓝栽培不广泛，目前生产中多以春秋两季露地栽培为主。在南方温暖地区为秋冬露地栽培，冬春收获。北方露地栽培以春、秋两季为主。耐热品种可以在夏季栽培，夏末秋初收获。

华北地区，春露地栽培在1月下旬至2月中旬于阳畦冷床或温室育苗，3月中旬至4月上旬定植到露地；夏季栽培用极早熟及耐热品种，3月上旬育苗，4月下旬定植，6月上旬始收，或4月上旬至5月下旬播种，8月至9月收获；秋露地栽培，6月上旬开始分批播种，7月上中旬至8月上旬定植。

172 皱叶甘蓝有哪些主要品种？各有什么特点？

目前，我国皱叶甘蓝栽培面积还不大，生产上利用的品种有限，均为从国外引进的品种。

诺维沙 从荷兰引进的杂交一代品种。叶球略扁平，黄绿色，紧实，外叶深绿。较耐热，适于夏季及早秋栽培。

普罗玛沙 从荷兰引进的杂交品种。叶球紧实，卵圆形，浅黄绿色，单球重1.8千克。外叶少，深灰绿色。冬性强，定植后85天收获。全年均可栽培。

极早生皱叶甘蓝 从日本引进。植株外叶少，深绿色。叶球长圆锥形，浅黄色，结球紧实，叶质柔软，品质好。单球重1千克，定植后50天收获，可全年分期分批播种。

中生皱叶甘蓝 从日本引进。该品种叶球为略扁的圆球形，叶球紧实，乳黄色。单球重1.6千克，外叶深绿色。定植后80天可收获。较耐旱，不耐涝，耐寒性强，富含维生素。适于春、秋两季栽培。

卷心菜王333号 从美国引进的杂交一代品种。叶色深灰绿，结球紧实。植株生长快，从定植至采收90天。产量高，品质一般。适于春、秋季栽培。

173 皱叶甘蓝冬春季育苗要注意哪些问题?

春季栽培，播种时间在冬、春季节，此时外界气温较低，保温是育苗成功的关键之一。冬春季节育苗需要在保护地中进行，可采用日光温室、塑料大棚及冷床等育苗，每亩大田需苗床8~10平方米。播种前15天左右用塑料膜覆盖畦面，白天晒畦，夜间盖草帘保温。播种前，苗床施足底肥，每10平方米施用腐熟的有机肥及人粪尿约50~100千克，复合肥0.5千克，然后深耕，耙平整细，然后轻轻压实畦面，以防止浇水时畦面下陷，然后再细平畦面，播种前2~3天闭棚增温。

选择晴天下午播种，可干籽散播或条播。播种前一天先浇足苗床底水，播种时，在畦面上均匀地撒一层过筛的细土，厚约0.5

厘米，然后将种子均匀地撒播在床面上，再覆细土，厚度约 0.5 厘米。为提高和保持苗床的温度，促进出苗，宜在苗床上罩一层透光性好的塑料膜，并在四周用湿土压实封严，保温保湿。为提高保温性能，必要时可在塑料薄膜加盖草苫。草苫要晚盖早揭，增加光照时间。

播种以后到出苗前，白天温度控制在 20℃左右，夜间 10℃左右。晴天时每天晚揭席早盖苫，提高苗床温度。阴雨天不揭苫。齐苗后揭去盖在苗床上的薄膜，覆一次细土，厚度约 0.3 厘米，并开始放风。通风口由小到大，逐渐降低畦内温度，防止幼苗徒长，以白天 15～20℃，夜间 6℃以上为适合。苗床上的草毡不论晴天或阴天，每天都要揭开，以增加光照时间，并降低苗床湿度，防止苗期猝倒病的发生。定植前 10 天，逐步降温炼苗。

浇足底水、施足底肥后，苗期一般不再浇水、施肥。若苗床干燥，可适当洒水，湿润苗床即可，然后闭棚增温。

特别提示

皱叶甘蓝冬春季育苗期间，温度低，需在保护地中进行。选晴天下午播种，播种以后到出苗前保持较高温度。齐苗后逐渐降低畦内温度，防止幼苗徒长．定植前 10 天逐步降温炼苗。

174 皱叶甘蓝夏秋育苗要注意哪些问题？

苗床要选择地势高，排水好，前茬为非十字花科蔬菜的地块。育苗前耕翻晒田后，施足底肥。土壤肥力中等的，每 10 平方米施 50 千克。然后耕翻耙平，使肥料与土壤充分混匀，做成 1.2 米宽的高畦，整碎耙平，用铁锨轻拍床面，压实。也可人工配制营养土，一般用 50%～70% 的田园土，加 30%～40% 已腐熟的厩肥、堆肥、河泥等，再加少量速效肥，如草木灰、人粪、复合肥等，混匀、打碎后过筛，在苗床上铺 10～15 厘米厚。

播种前最好用温水浸种，先用50℃热水浸种20分钟，然后用冷水清洗，晾干后播种。播种后，苗床上盖一层稻草或遮阳网，保湿降温。

开始出苗时及时揭掉覆盖物。然后搭设荫棚，防止剧烈阳光直射。荫棚的搭建方法是：在苗床四周打桩作立柱，在立柱上用竹竿连成棚架。高度约为0.8～1.2米，过高揭盖覆盖物不方便，遮阳效果不好；过低则通风不好，降温效果差。雨前应及时加盖塑料薄膜，防止雨水冲刷苗床。由于此时气候多变，要根据实际情况，加强苗床管理。注意适量浇水及雨后排水。当白天气温达30℃以上时，晴天上午10点左右覆盖遮阳网等覆盖物，下午3点左右揭掉，阴天不盖。

子叶展开后第1次间苗。间苗后覆细土，厚约0.3厘米。第1片真叶展开时，间第2次苗，苗距2厘米见方，间苗后仍需覆细土约0.3厘米。幼苗3～4片叶时进行分苗，分苗可以使幼苗生长一致，便于定植后统一管理。苗距约7厘米见方。每亩大田需要分苗床40平方米。分苗床准备同苗床。

特别提示

皱叶甘蓝秋季栽培，在夏秋季节育苗，正值高温多雨季节，降温、防雨则是育苗成功的一个关键。夏秋季育苗期间日照强度大，气温高，且时有雷阵雨和暴雨天气。所以，只有做好遮阳防雨工作，育苗才能成功。

175 皱叶甘蓝定植时要注意哪些问题？

定植前2～3天，苗床浇透水，以便起苗多带土，选健壮苗定植。健壮苗应有6～18片真叶，叶片肥厚，色深绿，茎粗，节间短，根系发达，无病虫。春季定植的苗龄稍大，秋季定植的苗龄要稍小。

最好选2年内没种过十字花科蔬菜、土质肥沃、排灌水方便的地种植。前茬收获后及时清除杂草，并耕翻晒垡，施足底肥，用肥量一般每亩施堆肥5000～6000千克，复合肥40千克，掺入过磷酸钙30～40千克，如有草木灰的，掺入草木灰100～150千克则更好。耕翻混匀，耙碎耙平，开沟作高畦。

春季要适时定植，不可定植过早，否则易发生未熟抽薹现象；定植过迟，幼苗根系尚未恢复生长，易受冻害缺苗。要在日平均气温稳定在6～8℃、近地膜10厘米地温达5℃以上时，才能定植，一般在3月上中旬。盖地膜的可适当提前1周定植。

合理密植是提高产量的重要措施之一，定植密度应根据品种特性、生长期长短来确定，早熟品种密度大些，中晚熟品种密度小些。一般种植的行距50厘米，株距40～45厘米，每亩密度3000～3300株。

定植时间要选择阴天或晴天傍晚进行，缩短缓苗期。定植时用刀片在地膜上划十字，然后开挖定植穴，再把苗坨放入定植穴中。栽苗不宜深，以土坨表面与畦面相平为度。定植后及时浇定根水，最好浇稀粪水。待水渗下后，用畦沟中细土逐株覆盖栽植洞口，封严定植穴，以达到保水、保肥、保温的目的。

特别提示

皱叶甘蓝选健壮苗带土定植。春季栽培不要过早定植，否则易发生未熟抽薹现象。定植后及时浇定根水，最好浇稀粪水。待水渗下后，用畦沟中细土逐株覆盖栽植洞口，封严定植穴，以达到保水、保肥、保温的目的。

176 皱叶甘蓝定植后怎样管理水分？

定植后5～7天浇1次缓苗水。春季栽培的，由于前期气温和地温相对较低，植株生长量也很小，因此浇水量不宜过大。秋季栽培的，定植后1～2天就需要浇1次水，7天后再浇1次缓苗水。缓苗水过后应适当控制浇水，进行蹲苗。以后应每隔7～10天浇1次水。

随着春季温度的逐渐升高，植株生长加快，故需加大浇水量，并增加浇水次数，地面见干时就要浇水。秋季栽培，外界气温较高，需水量也大。莲座期及开始包心后加强水分供给，直至采收前经常保持土壤湿润，但不能大水漫灌。春季用地膜覆盖的，可比露地延后3～4天浇水，待地表稍干时进行。

需作贮藏的菜，在收获前5～7天停止浇水。高温天气不要在中午灌水，要在早晨或傍晚进行。皱叶甘蓝喜湿润，但忌土壤积水，以防受渍害，多雨天要排水防涝。

特别提示

皱叶甘蓝蹲苗是促进根系发展的重要措施。莲座期及开始包心后加强水分供给，直至采收前经常保持土壤湿润，但不能大水漫灌。

177 皱叶甘蓝定植后怎样施肥?

皱叶甘蓝需肥较多，除重施基肥外，还需追肥2～4次。春季栽培，前期追肥量小。春季回暖后，采用大肥大水进行管理。追肥前期以氮、磷、钾为主，后期以氮肥为主。定植缓苗后，结合中耕追肥1次，每亩追尿素10～15千克。

莲座期追肥1次，每亩追施尿素15千克，磷、钾肥5千克，混合施用，或每亩用硫酸铵20～25千克，施于苗根部约10厘米处，结合培土，然后浇水。

开始包心到结球前期，连续追肥2次，每次每亩用硫酸铵15千克或碳酸氢铵20千克。

178 皱叶甘蓝定植后怎样调控温度?

春季栽培的，生长期内温度变化较大，应做好温度管理工作。定植后控制温度在白天25℃左右，夜间10～15℃，以利于缓苗。缓苗后温度可稍降低，控制温度在白天20～25℃，夜间6～10℃。叶球形成期，控制温度在白天15～18℃，夜间6～10℃，昼夜温差大有利于叶球形成。

定植成活后，适时中耕，防止土壤板结，促进土壤通气。中耕次数及深浅，依天气及苗的大小而定。第1次中耕宜深，在植株周围锄透。莲座期和结球前期结合浇水施肥中耕，宜浅锄，并向植株周围培土。中耕过程中要避免伤害叶片。在外叶封垄后，不再进行中耕，若有杂草，应随时拔除。

179 皱叶甘蓝长到什么规格可以采收上市?

叶球达到采收标准，用手掌压叶球感觉紧实时即可采收上市。

特别提示

皱叶甘蓝需肥较多，除重施基肥外，需追肥2～4次。定植后保持较高温度，以利于缓苗。缓苗后温度可稍降低。莲座期和结球前期要加强浇水和施肥。

羽衣甘蓝栽培技术

羽衣甘蓝又称绿叶甘蓝、牡丹菜、叶牡丹，属十字花科芸薹属甘蓝种的一个变种，是以采收卷曲羽状嫩叶为食的蔬菜。因品种不同而叶色各异，食用品种叶色多为绿色。羽衣甘蓝可以连续不断地剥取叶片，并不断产生新的嫩叶，而不像甘蓝那样形成叶球。

羽衣甘蓝在古希腊就广泛栽培，欧洲的英国、德国、荷兰等国家都普遍栽培，品种也很多。因其颜色多样、状如莲花，常作为观赏品种种植。作为蔬菜种植的一般为绿色。17～18 世纪传入我国后，主要作为观赏植物栽培。近年来，北京、上海、广东等地开始作为蔬菜进行栽培。

180 羽衣甘蓝生长发育有什么特点?

羽衣甘蓝生长周期可分为营养生长和生殖生长两个时期。营养生长包括种子发芽期、幼苗期和叶丛生长期。生殖生长包括现蕾、抽薹期和开花、结果期。

181 羽衣甘蓝生长发育对温度有什么要求?

羽衣甘蓝喜冷凉温和气候。种子在5℃左右便可缓慢发芽，15℃以上发芽较快，适温为18～25℃。植株生长的最适温度为20～25℃，耐寒性也极强，经过锻炼良好的幼苗能够耐－12℃的短时间低温。成株生长期间能够忍受短时间几十次的霜冻而不枯萎，温度回升后仍然可以正常生长。采种株要在2～10℃温度下经30天以上才能通过春化抽薹开花。羽衣甘蓝也较抗高温，气温在35℃以上也能够生长，但在高温下收获的叶片风味较差，纤维素增多，质地变硬，品质下降。

182 羽衣甘蓝生长发育对光照有什么要求?

羽衣甘蓝是长日照作物，喜充足阳光，但较耐荫。在完成春化阶段后，要有一定的长日照条件的光周期，才能进行花芽分化，抽薹开花结实。在营养生长期间，长日照和较强的光照条件下，叶片生长快速，品质好。但较弱的光照有利于提高羽状嫩叶的品质，烈日照射会使叶片老化，品质下降。采种的植株要在长日照下开花。

183 羽衣甘蓝生长发育对水分有什么要求?

羽衣甘蓝喜湿润，对水分需求量较大，要求土壤相对湿度为75%～80%。适宜的湿度条件下可以提高产量，改善品质。但不耐涝，土壤湿度过大，根不发，易发病。羽衣甘蓝在幼苗期和莲座期能忍耐一定的干旱，但土壤水分不足，又会严重影响叶片生长，产量和品质都会明显降低。

184 羽衣甘蓝生长发育对土壤养分有什么要求?

羽衣甘蓝对土壤的适应性较广，但以富含有机质、排水性能良好的沙壤土和黏质壤土中栽培最宜。不宜在低洼积水的地块上栽植。在钙质丰富，土壤 pH 值 5.5 ~ 6.8 的土壤中生长最旺盛。

羽衣甘蓝是一种吸肥力强的作物，除施足基肥外，生长期间还要经常追施薄肥，特别是氮素养分，并配合施用适量的磷、钾、钙肥，有利于提高羽衣甘蓝的产量和品质。

185 怎样安排羽衣甘蓝的栽培期?

羽衣甘蓝适应性广，既耐寒又耐热，是一种容易栽培的蔬菜，若配合相应的保护设施，可周年生产。各地可根据气候条件和市场需求，灵活确定种植期，以争取最好的经济效益。目前，羽衣甘蓝的生产以春、秋两季栽培为主，根据需要也可利用保护地栽培。

南方地区除高温季节外，秋、冬、春季均可露地栽培。春季栽培，一般可于 1 月下旬至 2 月上旬在保护地播种育苗，或 2 月下旬至 3 月上旬直播。秋季露地栽培可于 7 ~ 8 月播种育苗，秋保护地越冬栽培，可于 8 月下旬至 9 月播种。北方可适当延迟。

特别提示

羽衣甘蓝喜冷凉温和气候，耐寒性也极强，并较抗高温。喜充足阳光，较耐荫。在完成春化阶段后，要有一定的长日照条件的光周期，才能进行花芽分化，抽薹开花结实。羽衣甘蓝喜湿润，对水分需求量较大。各地可根据气候条件和市场需求，灵活确定种植期，以争取最好的经济效益。

186 羽衣甘蓝的主要品种有哪些？各有什么特点？

根据叶面皱缩与否，可分为皱叶型和平滑型；根据植株高矮可分为高生种和矮生种；根据用途可分为观赏种和食用种。

沃特斯 从美国引进。株高中等，生长旺盛。叶片深绿色，无蜡粉，嫩叶边缘卷曲成皱褶，绿色，质地柔软，风味浓。耐寒力很强，耐热性良好，耐肥、耐贮，抽薹晚。采收期长，可春秋季露地栽培或冬季大棚、温室栽培。从播种至开始采收约需55天。春季播种的如管理得好，可一直延续采收到冬季，亩产为2500~3000千克。

京引104203 从美国引进的优良品种。植株较高，生长势较强。叶片深绿色，叶缘卷曲度大，呈椭圆形毛刷状，外观好看。抗逆性强，耐寒耐热。采收期长，春季播种如做好田间管理，可延续采收到冬季。

阿培达 从荷兰引进的优良杂交种一代。株高中等，生长迅速而整齐。叶片蓝绿色，卷曲度大，外观丰满整齐。品质细嫩，风味好。其抗逆性很强，可以春秋露地栽培，也能用于冬季保护地栽培。嫩叶经加工和烹调后仍能保持鲜绿的色泽。

穆斯博 从荷兰引进的优良杂交种一代。株高中等，生长旺盛。叶片绿色，羽状细裂，叶缘卷曲度大，外观很美，与其他品种相比，很少发生黄叶现象。耐寒能力与耐热能力均较强，适于秋、冬季栽培。

187 怎样进行羽衣甘蓝的早春保护地育苗？

保护地内苗床要选择光线充足的部位，种植每亩羽衣甘蓝需要苗床4平方米，每平方米苗床施入腐熟并筛细的圈肥5~6千克，粪土掺均后整平床面，为防止苗期猝倒病，每平方米苗床施用50%拌种双粉剂9克进行土壤消毒。并在苗床附近准备好过筛细土。

撒播干籽，每亩苗床需用种量20～25克。播前浇足底水，水渗后把种子均匀地撒在畦面，再盖0.5厘米厚的细土，然后在苗床上覆盖薄膜以增湿保墒。

播种后至出苗前要注意提高苗床温度，出苗前一般不通风，以免降低床温。苗床温度保持在20～25℃。约4～6天小苗大部分出土后，撤去薄膜，待苗上无水汽时，再撒一次细土，厚度为0.5厘米。同时开始放风，降低苗床温度。白天温度控制在15～20℃，夜间10～12℃，以防小苗徒长。苗床上的草苫不论晴天或阴天，每天都要揭盖，以增加光照时间，降低苗床的湿度。

幼苗长出2～3片叶时进行分苗，剔除弱苗、病虫苗、杂苗。分苗床的准备同苗床，苗距6厘米见方。分完后立即浇水，盖上薄膜，提高床内温度及保湿，防止低温伤苗。分苗3～4天后再浇一次缓苗水。分苗至缓苗期间，床温白天20～25℃，夜间15℃左右。缓苗后开始放风，并根据天气情况加大放风量和延长放风时间，逐步降低床温，白天15～20℃，夜间10℃左右定植前一周进行低温炼苗。

特别提示

羽衣甘蓝播种前浇足底水，播种后至出苗前要提高苗床温度。幼苗长出2～3片叶时进行分苗，剔除弱苗、病虫苗、杂苗。缓苗后开始放风，逐步降低床温，定植前一周进行低温炼苗。

188 怎样进行羽衣甘蓝的夏秋露地直播育苗?

秋季栽培需在夏季或秋初播种，可露地直播，也可育苗移栽。露地直播应先整地、施肥、作畦，畦可分平畦和高畦2种。平畦直播时，做成畦宽120厘米，畦面整细耙平，每畦种2行，按株距30~40厘米进行点播，每穴播4~5粒种子。出苗后及时间苗，2~3次间苗后每穴留1株。但由于此时正值高温多雨季节，因此多采用排水性能良好的高畦栽培。可做成50厘米×60厘米的宽窄行，60厘米为高畦，每畦种2行，按株距30~33厘米点播。出苗后进行间苗，方法同平畦。为了保水保肥，提高产量，有条件的可先将种子点播在高畦上，再覆盖地膜，出苗后划膜放苗。

特别提示

羽衣甘蓝秋季栽培需在夏季或秋初播种，可露地直播，也可育苗移栽。由于育苗正值高温多雨季节，因此多采用排水性能良好的高畦栽培。

189 怎样进行羽衣甘蓝的夏秋育苗及移栽?

采取育苗移栽时，苗床应选择在土壤肥沃、地势平坦、排灌方便的沙壤土。播种前，施足腐熟的粪肥做底肥，然后与床土拌匀，耙碎耙平后整地作苗床。选晴天上午播种，使用干籽。播种前苗床浇透底水，灌水沉实后即可播种。播种方式可条播或撒播。条播时按5~6厘米的行距开浅沟，约1厘米撒1粒种子。撒播要注意播种均匀。播后盖细土0.5厘米左右。

播种后苗床上可覆盖稻草、黑色遮阳网，防止高温烤苗。播种后在苗床上覆盖遮阳网降温保湿。出苗后及时揭掉覆盖物，并在苗床上搭建荫棚，荫棚高度要适当，高度一般80~100厘米。在中午前后阳光强烈时盖帘或盖遮阳网，防烈日暴晒，可降温，阴天不盖。

苗出齐后到第1真叶展开后即进行第1次间苗，苗距2厘米左右，间苗后覆细土约0.3厘米。2~3片真叶时，进行第2次间苗，苗距约4~5厘米，并清除杂草，间苗后覆细土0.3厘米左右。

4 片真叶时分苗，苗距 8 厘米见方，定植 1 亩地需要分苗用苗床 18 ~ 23 平方米。分苗前 3 ~ 5 天整理好分苗床。分苗时把大苗与小苗分开栽，使幼苗生长整齐一致。分苗床管理同苗期。苗龄 30 天，具 4 ~5 片真叶时即可定植。

特别提示

羽衣甘蓝播种前苗床浇透底水。播种后苗床上可覆盖稻草、黑色遮阳网，防止高温烤苗。苗出齐后到第 1 真叶展开后即进行第 1 次间苗。苗龄 30 天，具 4 ~5 片真叶时即可定植。

190 羽衣甘蓝应该怎样定植?

选择土壤肥沃、2 ~3 年未种过十字花科蔬菜的壤土或沙壤土地块，耕地前要彻底清除前茬残留物，施足基肥。基肥可用经堆沤腐熟的农家有机质肥料，如鸡、羊、牛等牲畜粪肥，亩施量为 5000 ~6000 千克，再加施过磷酸钙，亩用量为 30 ~40 千克。或亩施腐熟优质农家肥 4 ~5 立方米，过磷酸钙 50 千克，硫酸钾 20 千克。耕翻整碎，充分混匀后作畦。做畦的形式可根据各地区的耕作条件和气候情况而定。多雨地区宜做高畦，干旱地区做平畦。一般畦宽 110 厘米，双行定植。春植宜铺盖地膜，秋植不铺。

定植密度要根据不同品种及季节确定。春季栽培，一般每亩定植 3500 ~4500 株，株行距为 40 厘米 ×40 厘米。秋季栽培，每亩定植 2800 ~3500 株。以陆续采摘嫩叶片的要适当密植。

定植前一天苗床浇足水分，第 2 天带土移栽。定植后要浇足定根水。

特别提示

羽衣甘蓝定植前一天苗床浇足水分，第 2 天带土移栽。定植后要浇足定根水。

191 羽衣甘蓝定植后怎进行水分管理?

羽衣甘蓝整个生长期需水较多，定植后，适时浇缓苗水。春季栽培未盖地膜的，一般在栽苗后 4 ~7 天浇水，用地膜覆盖的可延后 3 ~4 天，但浇水量不宜过大。秋季栽培的，因为外界气温较高，水分蒸发量大，所以一般定植后 1 ~2 天浇 1 次水，直至缓苗。缓苗后适当控制浇水，一般 7 ~10 天浇 1 次水。以后随着植株长大，外叶封垄，减少了土壤水分蒸发，同时根系入土稍深，可根据天气情况调整浇水次数。

春季栽培的，生长后期，温度逐渐升高，植株生长加快，需加大灌水量并增加灌水次数，后期土壤见干见湿管理。秋季栽培的，生长后期气温逐渐下降，植株生长变缓，适当减少浇水次数及浇水量。要经常保持土壤湿润。夏季降雨集中时，要注意排除积水，田间不能积水，以利于根系生长，减少病害发生。

192 羽衣甘蓝定植后怎进行肥料管理?

羽衣甘蓝是喜肥作物，在施足底肥的基础上要适时追肥。

一般在缓苗后进行第 1 次追肥，每亩施尿素 10 ~15 千克，或腐熟的人粪尿液 1000 ~1500 千克，以促进茎叶生长，提高产量和品质。至采收前再追肥 1 ~2 次，即每隔 7 ~10 天追施复合肥或淋施入畜粪水，在生长旺盛期的前期和中期重点追施，在生长后期喷 0. 3% ~0. 5% 的氯化钙 3 ~4 次。采收期，每采收 1 次追肥 1 次。每亩可追施腐熟有机肥 200 千克，或氮、磷、钾三元复合肥 15 千克。并结合中耕除草培土，培成半高垄防倒伏。另外，还可以每间隔 7 ~10 天叶面喷施 1 次爱多收或 500 ~600 倍磷酸二氢钾溶液，共喷 3 ~4 次。

193 羽衣甘蓝何时采收效益高?

羽衣甘蓝可分多次采收，大叶 7 ~8 片时即可陆续采收心部刚展开的嫩叶。每次采收 10 ~15 厘米长的心叶，采收时需注意留住顶部生长点及下部老叶，以保留生长势以及植株光合作用。早春和晚秋气候冷凉，温度适宜，叶片质地脆嫩、品质好，可隔 10 ~15 天采收 1 次；夏季高温，叶片纤维稍多，风味较差，应缩短采收时间的间隔，减轻叶片老化程度，一般 4 ~5 天采收 1 次。

每采收 1 次嫩叶均应追肥 1 次，数日后将植株下层成熟老叶去除，促进内叶继续不断地发生。采后的产品捆成 200 克左右 1 把，切齐叶柄出售，要及时包装上市。采收宜选在晴天上午露水干后进行。

特别提示

羽衣甘蓝定植后，要适时适度浇水，满足各个时期对肥料的需要。在大叶 7 ~8 片时即可陆续采收心部刚展开的嫩叶。

甘蓝类蔬菜病虫害防治

甘蓝类蔬菜是病虫害发生较为严重的一类蔬菜，若管理不善，病虫害的发生将严重影响蔬菜生产。甘蓝类蔬菜上发生的虫害基本相同，病害却因蔬菜种类的不同，而在症状表现上略有不同，在病虫害防治上，应贯彻“预防为主，综合防治”的植保方针，通过选用抗性品种，培育壮苗，加强栽培管理，科学施肥，改善和优化菜田生态系统，创造一个有利于蔬菜生长发育，不利于病虫害发生、蔓延的环境条件。

194 怎样采取栽培措施防治病虫害？

栽培措施防治病虫害经济、有效、安全。主要有以下几种方法：

首先是选用抗病、优质、高产的品种，这是最经济有效有方法，在起到抗病作用的同时，获得高产、优产。选择无病种子，在播前用温水浸种或药剂处理杀死种子表面携带的病菌。既起到了浸种催芽的目的，又可有效减轻或阻止部分病害的发生。

其次采取与非十字花科作物轮作，可以减少田间害虫安生量的病菌量，减轻病虫害发生程度。选择无病营养土育苗，也可以有效地减轻土传性病害的发生，还能够杜绝苗期地下害虫的危害，保护幼根。

通过合理选择播种期、优化肥水管理和调节环境因素等措施，创造不利于病虫害发生环境条件，实行蔬菜健康栽培，都可以有效地减轻病虫害的发生。

195 怎样利用设施条件防治病虫害?

利用设施条件隔绝、清除、抑制或杀死病原菌和害虫，可以控制病虫害发生。例如采用覆盖防虫网、塑料薄膜、遮阳网等，阻止害虫和病原菌进入棚室，从而减轻病虫害发生。利用害虫对灯光、颜色和气味的趋向性诱杀或驱避害虫。如黄板诱杀蚜虫、白粉虱、烟粉虱；覆盖银灰色地膜驱避蚜虫等，都有明显效果。

通过预备试验选择适宜的温度和处理时间，以能有效地杀死病原物而不损害植物，如温水浸种。播种前，利用覆盖塑料薄膜进行高温闷棚，杀灭棚内及土壤表层的病原菌、害虫和线虫等。

196 用药剂防治病虫害须注意哪些问题?

化学防治是利用化学药剂控制植物病虫害发生发展的方法，也是目前最常用的方法。它具有防治效果好、速度快，特别是在病虫害大流行、大发生时效果显著的优点。但是药剂防治投入成本较其他方法高，容易造成农药残留，降低产品品质，影响出口创汇。若使用不当，还会对环境造成较大的伤害，易造成病虫害的抗药性增加，对以后的防治造成一定的困难。因此使用化学农药进行病虫害防治时必须坚持以下原则：

严格选择药种 我国目前常用的农药单剂有近百种，蔬菜生产常用的杀虫剂、杀菌剂、除草剂就达 40 多种。无公害蔬菜生产中使用农药应优先使用生物农药，有选择地使用高效、低毒、低残留的化学农药。

适时防治 应根据天气变化、病虫害发生规律，选择最佳防治时期进行。一般来说，在病虫发生前或发生初期防治，效果最好。但在不影响产量的情况下，对病虫害可以不予防治或仅通过农事操作进行防治，以降低投入成本，增加收入。

按需施药 对不同病虫害，优选不同农药品种进行防治，科学地确定用药量、施药次数，不可随意增加用药量和用药次数。在保护地生产上，优先选用粉剂和烟剂，尽可能少用喷雾的方法施药，以减轻棚室内的湿度。

轮换或混用 农药应轮换使用或合理混用，不可长时间使用单一农药品种，以避免病虫害产生抗药性。

197 无公害蔬菜生产中如何选用农药？有哪些禁用农药？

我国目前常用的农药单剂有近百种，蔬菜生产常用的杀虫剂、杀菌剂、除草剂就达40多种。无公害蔬菜生产中使用农药应优先使用生物农药，有选择地使用高效、低毒、低残留的化学农药。可选择使用杀虫剂主要有Bt系列，阿维菌素系列，除虫菊酯类，植物提取物类，昆虫激素类(米满、卡死克、抑太保)，少数有机磷农药(乐果、敌百虫、辛硫磷、乐斯本、农地乐)，以及其他的农药如杀虫双、吡虫啉等。可选择使用杀菌剂主要有多菌灵、托布津、加瑞农、克露、大生、福星、可杀得、波尔多液、农用链霉素等。可选择使用的除草剂主要有氟乐灵、施田补、都尔、乙草胺等。

在蔬菜生产中严格禁止使用甲胺磷、呋喃丹、杀虫脒、氧化乐果、三氯杀螨醇、甲基1605、除草醚等农药。

198 什么是农药安全间隔期？有什么规律？

蔬菜最后一次施药距采收时间间隔期越短，则蔬菜体内农药残留量越多，反之则越少。因此，生产者一定要严格掌握各种农药的安全间隔期。一般生物农药为3~5天；菊酯类农药5~7天；有机磷农药为7~10天，少数14天以上；杀菌剂除百菌清、多菌灵要求14天以上外，其余均为7~10天。

199 使用农药时要把掌哪些技术环节？

首先要明确防治什么病虫害，选用什么农药，使用多少剂量，都应该严格掌握。否则不仅增加成本，防效不理想，还会产生很大的负作用。其次是农药一定要交替使用，以增强药效，延缓病虫害的抗药性产生。克服和延缓抗药性的有效方法之一就是交替使用不同作用机理的两种以上农药，且要注意选择没有相互抗性的药剂交替使用。如对某杀虫剂已产生抗药性，可停止使用若干年，然后再启用。最后要注意需用混配农药的，应现配现用，在混用前需查“混用适否查对表”，如代森锌可与敌百虫、敌敌畏、乐果混用，但不可与波尔多液、石硫合剂、硫酸铜等混用。

200 怎样识别甘蓝病毒病？发生有何特点？如何防治？（视频16）

甘蓝病毒病的症状表现苗期发病叶片上出现变黄的圆形斑点，直径2~3毫米，后整个叶片颜色变淡或变为浓淡相间绿色斑驳。成株发病除嫩叶现浓淡不均斑驳外，老叶背面生有黑色坏死斑点，病株结球晚且松散。种株发病、叶片上现出斑驳，并伴有叶脉轻度坏死。

病原在植株体内越冬，第2年春天由蚜虫传播。蚜虫发生严重的地块，发病重。

防治时，首先要选种抗病品种。发现病株及时拔除。播期要避开高温及蚜虫猖獗季节。土温升高要多浇水，地温稳定可防止病毒病的发生。苗期防治蚜虫十分重要。

药剂防治于发病初期用60%吗啉胍·乙铜片剂每亩每次56~83.3克，一般加水100千克稀释1200~1800倍液进行叶面喷雾，以后每隔7天喷1次药，可连续喷药3~4次，视病情程度而定。常用药剂还有抗毒丰300倍液，病毒1号油乳剂500倍液，1.5%植病灵2号乳剂1000倍液。每隔10天防治1次，防治2~3次。

201 怎样识别甘蓝霜霉病？发生有何特点？如何防治？（视频17）

甘蓝霜霉病的症状表现为幼苗发病在茎叶上出现白色霜状霉，幼苗渐枯死。成株发病叶片上的病斑为淡绿色，以后病斑的颜色渐变为黑色至紫黑色，微微凹陷，病斑受叶脉限制呈不规则形或多角形，叶背上病斑呈现白色霜状霉层；在高温下容易发展为黄褐色的枯斑。发病严重时病斑汇合，叶片变黄枯死。生长期中老叶受害后有时病原菌也能系统侵染进入茎部，在贮藏期间继续发展达到叶球内，使中脉及叶肉组织上出现黄色不规则形的坏死斑，叶片干枯脱落。

甘蓝霜霉病的病原菌在病残体和土壤中越冬，次年萌发侵染春菜，如小白菜、萝卜和油菜等。发病后，在病斑上产生新的病菌进行再侵染。病原菌也能在采种株体上越冬。冬季田间种植十字花科蔬菜的地区，病原菌则直接在寄主体内越冬。在气温稍低、昼夜温差大、多雨高湿或大雾的条件，易发病流行。连作、田间积水、缺肥等情况下甘蓝发病重。

防治时，首先要进行种子处理，在播种前可用50%福美双可湿性粉剂或75%百菌清可湿性粉剂拌种，用量为种子量的0.4%。

其次选用抗病品种；与非十字花科作物隔年轮作，最好是水旱轮作。苗床注意通风透光，不采用低湿地块作为苗床，结合间苗摘除病叶和拔除病株。低湿地采用高垄栽培，合理灌溉施肥。收获后清园深翻。

第三，发病初期或出现中心病株时，应即喷药保护，老叶背面也应喷到。每亩每次使用20%施宝灵75～100克，加水100千克，进行喷雾，一般间隔5～7天喷药1次，共防治2次，要求喷雾尽量均匀周到。常用药剂还有40%乙膦铝可湿性粉剂300倍液，75%百菌清可湿性粉剂600倍液，65%代森锌可湿性粉剂500倍液，50%敌菌灵可湿性粉剂500倍液。

202 怎样识别甘蓝菌核病？发生有何特点？如何防治？（视频18）

甘蓝菌核病的症状表现为主要危害茎基部、叶片或叶球。发病初期出现水浸状淡褐色病斑，边缘不明显，病部组织软腐，病斑上有白色或灰白色棉絮状菌丝体，并形成黑色鼠粪状菌核。茎基部病斑环茎1周后致全株枯死。采种株多在终花期受害，除侵染叶、种荚外，还可引起茎部腐烂和中空，在表面及髓部生絮状菌丝及黑色菌核。种荚受害，病斑也呈白色，在荚内形成近圆形小菌核。

甘蓝菌核病的病原菌留在土壤中或混杂在种子中越夏或越冬。当条件适宜时开始萌发，借气流传播。病原菌发育最适宜温度为度20℃。病原在干燥的土中能存活多年多，在潮湿的土壤中只能存活1年，在水中经1个月即腐烂死亡。排水不良、通透性差、偏施氮肥的条件下，甘蓝发病重。

防治时，首先要进行种子处理，在播种前筛去种子中的菌核，用10%食盐水或10%～20%硫铵液漂种，除去浮在水面的菌核和杂质，反复2～3次后再行播种。也可以在播种前把床温调到55℃

处理2小时，这样可以有效地把菌核杀死。

其次，实行轮作，最好是水旱轮作；选用无病种子；施足底肥，增施磷、钾肥，不要偏施氮肥；加强开沟排水，使土壤适度干燥；病株立即拔除，收集菌核烧毁或深埋；有条件的地区采用高畦栽植；采用电热温床育苗。

第三，发病初期喷药保护，重点喷撒植株茎基部、老叶及地面。药剂可选用5%氯硝铵粉剂，每亩用量2~2.5千克，加15千克细土拌匀后撒在行间。也可以喷洒50%氯硝铵可湿性粉剂800倍液，20%甲基立枯磷(利克菌)乳油900~1000倍液，40%多·硫悬浮剂500倍液，70%甲基硫菌灵可湿性粉剂500~600倍液，50%异菌脲可湿性粉剂1000~1500倍液，50%速克灵可湿性粉剂2000倍液，40%菌核净可湿性粉剂500倍液。每隔10天左右防治1次，连续防治2~3次。

203 怎样识别甘蓝灰霉病？发生有何特点？如何防治？(视频19)

甘蓝灰霉病的症状表现为甘蓝灰霉病在苗期、成株期均有发生。苗期发病时幼苗呈水浸状腐烂，上生灰色霉层。成株染病多从距地面较近的叶片始发，初为水浸状，湿度大时，病部迅速扩大，呈褐色至红褐色，病株茎基部腐烂后，引致上部茎叶凋萎，且从下向上扩展，或从外叶延至内层叶，致结球叶片腐烂，其上常产生小黑点。贮藏期易染病，引起水浸状软腐，病部遍生灰霉，后产生小的近圆形小黑点。

甘蓝灰霉病的病原菌主要随病残体在地上越冬。当环境适宜时，开始萌发，借气流或雨水传播危害。后又在病部产生新的病菌进行再侵染。当气温20℃、相对湿度连续保持在90%以上时，此病易发生和流行。

防治时，首先要加强保护地或露地田间管理，严密注视棚内温湿度，及时降低棚内及地面湿度。

其次，棚室或露地发病应及时喷洒50%速克灵可湿性粉剂2000倍液、50%扑海因可湿性粉剂1000～1500倍液、50%农利灵可湿性粉剂1000～1500倍液、40%多·硫悬浮剂600倍液，每亩喷药液50～60升，每隔7～10天防治1次，连续防治2～3次。棚室栽培，发病初期施用10%速克灵烟雾剂，每亩次200～250克；或喷撒6.5%甲霉灵超细粉尘剂、5%加瑞农粉尘剂等药剂，每亩每次用量1千克。

204 怎样识别甘蓝立枯病？发生有何特点？如何防治？

甘蓝立枯病的症状表现为主要危害幼苗根茎部，使病部变黑或缢缩，潮湿时病斑上生白色霉状物。植株发病后数天叶片开始萎蔫、干枯，引起整株死亡。定植后一般停止扩展，但个别田仍继续死苗。

甘蓝立枯病的病原菌在土壤或病残体内越冬，并可在土壤中营腐生生活。在田间主要靠接触传染，有水膜条件时与病部接触的健叶即发病。种子、农具及带菌堆肥等都可使病害传播蔓延。当土壤含水量维持在20%～60%时，病原菌的腐生能力最强。土温过高或过低，土壤黏重潮湿，有利于发病。

防治时，首先要进行种子处理，在播前用50%福美双或65%代森锌可湿性粉剂拌种，用量为种子重量的0.3%。

其次，苗床设在地势较高、排水良好的地方；选用无病新土作苗床；使用充分腐熟的粪肥；播种不宜过密，覆土不宜过厚；苗床管理要看天气保温与放风，水分补充宜多次少洒，浇水后注意通风换气。

第三，苗床土用40%五氯硝基苯粉剂与50%福美双可湿性粉剂等量混合，每平方米取9～10克混入3～4千克细土中拌匀，播种前把药土的1/3撒在打好底水的畦面上，播种后再将余下药土覆盖在种子上。发病初期拔除病株，并及时喷洒75%百菌清可湿性粉剂600倍液，也可以用60%多·福可湿性粉剂500倍液，或20%甲基立枯磷乳油1200倍液。

205 怎样识别甘蓝猝倒病？发生有何特点？如何防治？（视频20）

甘蓝猝倒病的症状表现为有死苗和猝倒两种，死苗一般发生在播种后发芽出土前。种子尚未出土前遭受病菌侵染的称死苗；猝倒是指幼苗出土后真叶尚未展开前，幼苗基部出现水浸状病斑，变软，继而缢缩成细线状，导致幼苗地上部失去支撑能力而造成幼苗贴伏地面。多发生在连续阴雨后骤然暴晴的条件下。湿度大时，病株附近常常长出白色棉絮状菌丝。

甘蓝猝倒病的病原菌在表土层越冬，能在土壤里腐生并存活2~3年。当条件适宜时进行初期侵染。病原菌生长适宜地温15~16℃，温度高于30℃受到抑制；适宜发病地温为10℃。育苗期出现低温、高湿条件，利于发病。病菌主要通过风、雨和流水传播。气温高、雨量多的地区或反季节栽培该病易流行。

防治时，首先要进行种子处理，在用种子量的0.3%的65%代森锰锌可湿性粉剂，或种子量的0.15%的绿亨一号进行拌种。

其次，床土消毒首先应选用无病新土。加强苗床管理因播种期处于多雨季节，所以苗床应选择地势高，地下水位低，排水良好的地块。播种要均匀，出苗后尽量不浇水，必须浇水时，可用喷雾器喷洒湿润地表，避免大水浸灌。当幼苗长到2~3片真叶时进行分苗。分苗时最好用育苗铲。分苗后适当控水，并进行分次覆土。

第三，苗床施用50%拌种双粉剂7克，或25%甲霜灵粉剂（可湿性）9克与70%代森锰锌可湿性粉剂1克，用细土4~5千克拌匀。施药前苗床先浇1次透水。水渗后取1/3充分拌匀的药土撒在畦面上，播种后再把其余的2/3药土覆盖在种子上，覆土0.5

厘米。如所覆药土不到 0.5 厘米，可补撒细土。这样种子夹在药土中间。

第四，幼苗发病后立即拔除病苗，并喷施药剂防治，药剂可选用 75% 百菌清可湿性粉剂 600 倍液，25% 瑞毒霉可湿性粉剂 800 倍液，64% 杀毒矾可湿性粉剂 500 倍液，72.2% 的普力水剂 500 倍液，每隔 7～10 天喷 1 次，连喷 2～3 次。

206 怎样识别甘蓝黑腐病？发生有何特点？如何防治？（视频 21）

甘蓝黑腐病的症状表现为主要危害叶片、叶球或球茎。子叶发病呈水浸状，后迅速枯死或蔓延到真叶。发病初期，首先是从叶缘开始，叶边缘叶脉先端出现 0.5～1.0 平方毫米的“V”字型黄（红）褐斑点，逐步布满整个叶缘，外观形成一道圆弧形宽 0.3～1.5 厘米波状黄（红）褐“亮”带。发病时若在 5～10 片真叶期，最下部叶片开始表现萎蔫变黄，随后整个植株逐渐凋萎；如发生在莲座期，多数同时在球体上呈现 2 平方毫米大小黑色斑点，但由于整个植株叶脉内维管束已被破坏，结球松软而不坚实，完全失去商品价值，该病一旦发生，感染面积较大，危害极大。

甘蓝黑腐病的病原菌可在种子内或随病残体在土壤中越冬，从幼苗子叶或真叶的叶缘侵入，形成初侵染。还可通过伤口侵入，并迅速进入维管束引起叶片基部发病。采种株上病原菌由果荚柄维管束进入果荚，使种子带菌。病原菌通过种子和菜苗、农具及暴风雨传播。高温高湿，连作地或偏施氮肥发病重。土壤排水功能差，易造成大面积病害流行；轮作次数（年数）少，易于病菌重茬感染；氮肥施用量大，有机肥及钾肥和微量元素锌、锰、钼等施用少，土壤缺素较重，植株抗病力减弱，土壤微生物环境不平衡，有利于病菌存活及繁殖。

防治时，首先要进行种子处理，在播种时，用 52℃ 热水浸种

2～3分钟或用0.1%硫酸铜液浸种5分钟，苗床消毒用800～1000倍50%代森铵液喷湿土壤或800倍多菌灵液浇灌苗床。

其次，可选用京丰系列良种，提高抗病性。发病严重的地块，与非十字花科蔬菜实行2～3年轮作；改块板种植为大沟厢种植，加大基础设施特别是水渠建设，改善土壤供排水条件。增施有机肥、生物菌肥，可利用冬闲种一季绿肥，并每亩施1千克肥力高菌肥来改善土壤微生物条件。加大品种结构调整力度，提高轮作率，轮作品种可选辣椒、番茄。每亩苗床增施1千克含硼、锌、钼等元素的复合磷酸二氢钾肥，并在生长期间用5%该肥每15天1次叶面喷施，同时每亩施用1千克肥力高生物菌肥。

视此病的发生情况用药，28%消菌灵粉剂、27%铜高尚悬浮剂及72%农用链霉素等3种药剂对甘蓝黑腐病均有较好的防治效果和保产效果，每亩的使用剂量为：消菌灵120克，铜高尚以100毫升，农用链霉素30克。在甘蓝发病初期(生育期为结球初期)7天施1次药，连续施药3次，能有效地控制甘蓝黑腐病的发生危害。另外，在成株发病初期喷施14%络氨铜水剂350倍液，60%琥·乙膦铝可湿性粉剂600倍液，77%可杀得可湿性粉剂500倍液，也可以有效防治该病，每隔7～10天防治1次，连续防治2～3次。在发病初期和易发病期间每15天用1000倍50%代森铵液或800～1000倍丰灵高效生物杀菌剂液喷雾或灌根，可防止并控制病害发生和蔓延。

207 怎样识别甘蓝软腐病？发生有何特点？如何防治？(视频22)

甘蓝软腐病的症状表现为多在包心期发病。发病部位先呈浸润半透明状，之后病部变为褐色，软腐、下陷，生污白色细菌溢脓，触摸有黏滑感，有恶臭味。开始发病时病株在阳光下出现萎蔫，早晚恢复，一段时间后不再恢复，使叶球外露。

甘蓝软腐病的病原菌在田间病株上或土中未腐烂的病残体以及害虫体内越冬，并可在土壤中存活较长时间，通过雨水、灌溉水、带菌肥料、昆虫等传播，从伤口侵入。病原菌从春到秋在田间辗转危害。病害的发生与伤口多少有关，久旱遇雨、蹲苗过度、浇水过量，都会形成伤口，造成甘蓝发病。地表积水、土壤中缺少氧气时，不利甘蓝根系发育，伤口也易形成木栓化，这时甘蓝发病重。

防治时，首先要进行种子处理，在播种前种子，用种子量的0.3%的加瑞农拌种。

其次，发病地区忌与茄科、瓜类及其他十字花科蔬菜连作；及时清除田间病残体；前作收获后及早深翻和晒土，提高土壤肥力和地温，促进病残体腐解；平整土地，清沟沥水，采用高畦栽培；避免在低洼、黏重的地块上种植；避免形成各种伤口；出现病株病及时拔除。

重要的是发病时对症用药，常使用的药剂有72%农用硫酸链霉素可溶性粉剂3000～4000倍液，新植霉素4000倍液，14%络氨铜水剂350倍液，47%加瑞农可湿性粉剂700～750倍液。每隔10天防治1次，连续防治2～3次。

208 怎样识别菜粉蝶？发生有何特点？如何防治？（视频23）

菜粉蝶又称菜白蝶、白粉蝶。幼虫称菜青虫。在全国各地均有发生，是十字花科蔬菜最常见的重要害虫之一。

菜粉蝶成虫体长12～20毫米，翅展45～55毫米；体灰黑色，翅白色，顶角灰黑色，雌蝶前翅有2个显著的黑色圆斑，雄蝶仅有1个显著的黑斑。卵瓶状，高约1毫米，宽约0.4毫米，表面具纵脊与横络，初产乳白色，后变橙黄色。幼虫体青绿色，背线浅黄色，腹面绿白色，体表密布细小黑色毛瘤，沿气门线有黄斑。

幼虫共5龄。蛹长18～21毫米，纺锤形，中间膨大而有棱角状突起，绿色或棕褐色。

菜粉蝶以幼虫取食叶片。2龄前只能啃食叶肉，留下一层透明的表皮；3龄后可取食整个叶片。此外，虫粪污染花菜球茎，降低商品价值，还能诱发软腐病。

菜粉蝶以蛹在菜地附近的屋墙、树干、风障、枯草和残株落叶等荫蔽处过冬。卵散产在甘蓝等植物叶片的正面或背面。初孵幼虫先食卵壳后食叶片，以5龄幼虫危害最重。成虫以晴天日照强的中午前后活动最盛。在蜜源植物和产卵寄主之间频繁飞翔，进行取食交配产卵活动。

春、秋季菜粉蝶危害大。北方地区每年发生4～5代，南方地区每年发生5～9代。成虫产卵适温在22～24℃之间。无光照成虫一般不产卵；田间蜜源植物丰富成虫产卵多。春、秋季气象条件适宜菜粉蝶生长。

防治时，首先要清除菜粉蝶越冬场所的杂草，耕翻田园等灭蛹、降低越冬基数。根据越冬场所，查找越冬蛹并采杀。或春秋季节，捡拾甘蓝型菜叶上的菜粉蝶的蛹和捏死幼虫。

其次，棚室内栽培的，或大面积栽培的地区，可释放天敌或喷施生物制剂进行防治。主要的寄生性天敌，卵期有广赤眼蜂；幼虫期有微红绒茧蜂、菜粉蝶绒茧蜂及颗粒体病毒等；蛹期有凤蝶金小蜂等。

采取药剂防治，可用苏云金杆菌乳剂1000倍液或“HD－1”的100亿/克稀释剂或青虫菌6号液剂800倍液，再加入0.1%洗衣粉，喷雾防治。或用仿生农药25%灭幼脲3号悬浮液1000倍液喷雾。或用0.2%高渗阿维菌素可湿性粉剂3000～3500倍液喷雾。

低龄幼虫盛发期用80%易福乳油2000～3000倍液喷雾防治，3龄后80%易福1000倍液；或在菜青虫1～2龄高峰期每亩用2.5%联苯菊酯乳油30～40毫升，加水喷施。或每亩用9%辣椒碱·烟碱微乳剂 50 ~ 60 克，加水喷雾 1 次；或每亩用 20% 氰戊菊酯水乳剂 20 ~ 40 克喷施。

209 怎样识别小菜蛾？发生有何特点？如何防治？（视频 24）

小菜蛾又称菜蛾、方块蛾、小青虫、两头尖。全国各地均有发生，南方危害重。危害花椰菜、青花菜、甘蓝、白菜、萝卜等十字花科蔬菜。小菜蛾繁殖力强，世代周期短，易产生抗药性，是十字花科蔬菜上最普遍最严重的害虫之一。

小菜蛾成虫为灰褐色小蛾，体长 6 ~ 7 毫米，翅展 12 ~ 15 毫米，翅狭长，前翅后缘呈黄白色三度曲折的波纹，两翅合拢时呈 3 个接连的菱形斑。前翅缘毛长并翘起如鸡尾。卵扁平，椭圆状，黄绿色。老熟幼虫体长约 10 毫米，黄绿色，体节明显，两头尖细，腹部第 4 ~ 5 节膨大。蛹长 5 ~ 8 毫米，黄绿色至灰褐色，茧薄如网。

小菜蛾初龄幼虫仅能取食叶肉，留下表皮，叶片上形成透明的斑块，3 ~ 4 龄幼虫可将菜叶食成孔洞和缺刻，严重时全叶被吃成网状。幼虫常集中心叶危害，影响包心。在留种菜上，危害嫩茎、幼种角和籽粒，影响结实。

小菜蛾成虫昼伏夜出，白天仅在受惊扰时，在株间作短距离飞行。成虫产卵期可达 10 天，平均每雌产卵 100 ~ 200 粒，卵散产或数粒在一起，多产于叶背脉间凹陷处。卵期 3 ~ 11 天。幼虫很活跃，遇惊扰即扭动、倒退或翻滚落下。幼虫共 4 龄，发育历期 12 ~ 27 天。老熟幼虫在叶脉附近结薄茧化蛹，蛹期约 9 天。

发生规律 华北地区每年发生 4 ~ 6 代，合肥每年发生 10 ~ 11 代，广东 20 代，长江及其以南地区无越冬、越夏现象，北方以蛹越冬。菜蛾的发育适宜温度为 20 ~ 30℃。在北方于 5 ~ 6 月份及 8 月份呈 2 个发生高峰，以春季危害重，长江流域和华南各地以 3 ~

6月份和8~11月份为2次高峰期，秋季重于春季。

防治时，首先要避免与十字花科蔬菜周年连作，以免虫源周而复始发生。

其次，加强苗期管理，及时防治，避免将虫源带入本地块；蔬菜收获后，要及时处理残株落叶，及时翻耕土地，可消灭大量虫源。

小菜蛾有趋光性，在成虫发生期，可采用多佳频振式杀虫灯，或黑光灯，诱杀成虫，减少虫源。

采取药剂防治，掌握在卵孵化盛期至2龄前喷药。常用农药有10%氯氰菊酯乳油2000~5000倍液、25%氯氰菊酯乳油2000倍、4.5%高效氯氰菊酯乳油1500倍液、2.5%三氟氯氰菊酯乳油1000~1500倍液、2.5%天王星乳油3000~4000倍液、20%甲氰菊酯乳油1000~2000倍液或48%乐斯本乳油500倍液喷雾防治。

210 怎样识别甘蓝蚜？发生有何特点？如何防治？（视频25）

甘蓝蚜又称菜蚜，各地均有发生。危害多种十字花科蔬菜。

甘蓝蚜有翅胎生雌蚜体长约2.2毫米，头和胸部黑色，复眼赤褐色。腹部黄绿色，有数条很明显的暗绿色横带，两侧各有5个黑点，全身覆有明显的白色蜡粉，无额瘤。无翅胎生雌蚜体长2.5毫米左右，全身暗绿色，被有较厚的白蜡粉，复眼黑色，触角无感觉孔，无额瘤，腹管短于尾片，尾片近似等边三角形，两侧各有2~3根长毛。

甘蓝蚜喜在叶面光滑、蜡质较多的十字花科蔬菜(如甘蓝、花椰菜)上刺吸植物汁液，造成叶片卷缩变形，植株生长不良，并因大量排泄蜜露，污染叶面，降低蔬菜商品价值。该虫传播病毒病，造成的损失远远大于蚜害本身。

甘蓝蚜先在越冬寄主嫩芽上胎生繁殖，而后产生有翅蚜迁飞至已经定植的甘蓝、花椰菜苗上，继续胎生繁殖危害，以春末夏初及秋季最重。

华北地区每年发生10余代，以卵在蔬菜上越冬，4月份孵化，繁殖的适宜温度为16～17℃，低于14℃或大于18℃，产仔数均趋于减少。偏嗜叶面光滑无毛的甘蓝、花椰菜类。在春、秋形成2次发生高峰。

防治时，首先要清除田间杂草，彻底清除瓜类、蔬菜残株病叶等。早春对越冬寄主喷药，避免有翅蚜在各地块间迁飞而降低防治效果。

其次，保护地可采取高温闷棚法，方法是在收获完毕后不急于拉秧，先用塑料膜将棚室密闭4～5天，消灭棚室中的虫源，避免向露地扩散，也可以避免下茬受到蚜虫危害。

其他防治措施有，利用有翅蚜对黄色、橙黄色有较强的趋性，可使用黄板诱杀有翅成虫。黄板悬挂的高度要略高于花菜。当黏满蚜虫时，需及时再涂黏油。

还可以利用银灰色对蚜虫有驱避作用，防止蚜虫迁飞到瓜田内。用银灰色薄地膜代替普通地膜覆盖，而后定植或播种。

采取药剂防治，于傍晚密封棚室，每亩用灭蚜粉65克。喷粉管对准植株上空，左右匀速摆动，不可对准植株喷施，也不需进入中间行道喷。也可以每亩用10%杀瓜蚜烟雾剂35克，或22%敌敌畏烟雾剂20克，或10%氰戊菊酯烟雾剂35克。危害初期用25%天王星乳油2000倍液、2.5%功夫乳油4000倍液、20%灭扫利乳油2000倍液、吡虫啉1000～2000倍液或好年冬1000～1500倍液喷雾防治。各种农药要交替使用，以防蚜虫产生抗药性。

211 怎样识别温室白粉虱？发生有何特点？如何防治？（视频26）

温室白粉虱又称小白蛾子，是蔬菜保护地栽培中危害日益严重的害虫。

温室白粉虱成虫体长约0.8~1.4毫米。淡黄白色到白色，雌雄均有翅，翅面覆有白色蜡粉，停息时双翅在体上合成屋脊状，翅端半圆状遮住整个腹部。

温室白粉虱成虫和若虫群集在叶片背面，口器刺入叶肉，吸取植物汁液，造成叶片褪绿枯萎，引起植株早衰，影响减产。繁殖力强，繁殖速度快，种群数量大，群聚危害，能分泌大量蜜液，严重污染叶片，影响叶片光合作用。

温室白粉虱成虫有趋嫩性，成虫总是随着植株的生长不断追逐顶部嫩叶产卵。白粉虱卵以卵柄从气孔插入叶片组织中，与植株植物保持水分平衡，极不易脱落。

每年可发生多代，冬季在室外不能存活，以各虫态在日光温室越冬并继续为害。白粉虱繁殖的适宜温度为18~21℃，在日光温室条件下约1个月完成1代。

防治时，首先在收获后及时清除日光温室内残枝败叶及杂草，深翻土地，灌水浸泡，消灭落在地上的虫卵，压低虫源基数。

其次，利用害虫对寄主的嗜好程度，可在扣棚后，在日光温室的地边地角上种植一些寄主植物，如番茄、黄瓜等作为诱集物。将迁入棚室越冬的成虫吸引到诱集植物上，用农药或其他方法将其集中彻底消灭。

还可以合理安排茬口，切断害虫食物链，棚室第一茬应先选择一些非寄主性或劣寄主性的蔬菜如菠菜、茼蒿等，使害虫因缺乏寄主或营养不良，发生量受到抑制。

其他防治方法有，利用成虫的强趋黄性，设置黄板诱杀成虫，在棚室整个生产期间可一直使用。一般成虫喜中午12点后开始飞翔活动，此时可用长竹竿轻轻拍打植物叶片，惊飞成虫，扑向黄板。特别是在结球期，为了保证质量，化学农药应尽量少用。

采取药剂防治，在叶片背面平均有10头成虫时，进行喷雾防治。可选用25%的扑虱灵可湿性粉剂2500倍喷雾，每隔5天喷1次，连喷2次。用10%吡虫啉可湿性粉剂1000倍喷洒叶面，对成虫和若虫有胃毒和触杀作用，可长时间防止危害。用0.3%的印楝素乳油1000倍，每隔3天喷1次，连喷3次，既可杀灭成虫，对天敌又无害，对环境也安全。用5%阿克泰水分散粒剂5000~7500倍液均匀叶面喷雾。在喷雾前，结合黄板一起使用，效果更好。

棚室栽培的，还可以在用35%的蚜虱净烟雾剂熏蒸大棚，也可用灭蚜灵、敌敌畏熏蒸，消灭迁入棚室内越冬的成虫。

212 怎样识别烟粉虱？发生有何特点？如何防治？

烟粉虱又棉粉虱、甘薯粉虱，是一种食性杂、分布广的小型害虫，在保护地中发生尤其普遍。

烟粉虱成虫体长1毫米左右，翅白色，腹部黄色。静止时两翅略呈“八”字形，从上方可见黄色的腹部。拟蛹淡绿至黄色，体缘自然倾斜，无腊丝，被寄生后成为黄褐色至深褐色。卵长椭圆形。

烟粉虱以成虫和若虫吸食寄主植物叶片的汁液，造成被害叶褪绿，变黄，甚至全株枯死，严重影响产量。此外，烟粉虱还分泌大量蜜露，堆积于叶面和果实上，引起煤污病，降低商品价值。

烟粉虱成虫在幼嫩叶上产卵，卵多产于叶背，无规则排列，上覆盖有蜡粉，肉眼较难分辨。繁殖能力强，繁殖速度快，9~10月份期间20~25天可完成1代。

烟粉虱在日光温室可发生10余代，以各个虫态在日光温室蔬菜上越冬危害，第2年转向大棚及露地蔬菜上，成为初始虫源。

防治时，首先要加强蔬菜栽培管理，培育“无虫苗”，可以显著地抑制烟粉虱的数量，减轻危害。发生烟粉虱的菜园，要清除残株落叶，消灭虫源。

其次，要采用黏板诱杀成虫的方法加以控制，以保护天敌。方法可参考温室白粉虱的防治方法。

在药剂防治上，要“抓两头、控中间，治上代、压下代”的防治策略。药剂可用20%扑虱灵可湿性粉剂1500倍液，或2.5%三氟氯氰菊酯乳油2000～3000倍液，或20%甲氰菊酯乳油2000倍液，或10%吡虫啉可湿性粉剂1500倍液喷雾防治。由于同一时期有3种虫态，目前还没有对各种虫态均有效的药剂，因此需连续用药，同时应在同一片菜园采取联防联治，提高总体防治效果。

213 怎样识别甘蓝夜蛾？发生有何特点？如何防治？（视频27）

甘蓝夜蛾又称甘蓝夜盗蛾。各地均有发生，以北方发生较重。杂食性，主要危害甘蓝、白菜等十字花科蔬菜，以及瓜类、豆类、茄果类蔬菜等。

甘蓝夜蛾成虫体长18～25毫米，棕褐色，前翅具有明显的肾状纹和环状纹，后翅外缘具有一小黑斑。卵半球形，表面具纵脊和横格。初产时黄白色，渐变成褐色，孵化前变成紫黑色。幼虫初孵时体色稍黑，老熟幼虫体长40毫米左右，头部黑褐色。胴部腹面淡绿色，背面具绿黄与棕褐两大色斑，后者各节背面具倒八字黑色条纹。蛹长20毫米左右，赤褐色。

甘蓝夜蛾初卵幼虫群集叶背取食叶肉，残留表皮，3龄后可将叶片吃成孔洞或缺刻，4龄后分散危害，昼夜取食，六龄幼虫白天潜伏根际土中，夜出危害。大龄幼虫可钻入叶球危害，并排泄大量虫粪，使叶球内因污染引起腐烂，造成严重减产并使蔬菜失去商品价值。

甘蓝夜蛾成虫对黑光灯和糖蜜气味有较强的趋性，喜在植株高而密的田间产卵，卵产于植株叶背，单层成块。卵的发育适宜温度为23.5～26.5℃，历期4～5天。幼虫共6龄，1～2龄幼虫因前2对腹足尚未长大，故行走如尺蠖；3龄后开始分散危害；4龄后食量大增；5~6龄为暴食期。

华北地区每年发生2~3代，长江流域每年发生4代，以蛹在土中越冬。温度低于15℃或高于30℃，相对湿度低于68%或高于85%，均不利于甘蓝夜蛾的发生。常在温湿度适宜的春秋季发生严重。蜜源植物的多少影响成虫的寿命和产卵量；成虫喜欢在高大茂密的作物上产卵，所以水肥条件好，长势旺盛的蔬菜地受害重。

防治时，首先是利用秋耕或冬耕，杀灭部分虫蛹。卵块和2龄前幼虫在菜叶上，易发现，及时摘除。成虫发生期用糖醋盆诱杀成虫。

其次，采用多佳频振式杀虫灯或黑光灯诱杀成虫。

采取药剂防治，可利用3龄前群集的特点施药，每亩用2.5%三氟氯氰菊酯乳油1.5~2.5毫升加水1~2升喷雾。此剂量同时可兼治甘蓝夜蛾、斜纹夜蛾、烟青虫、菜螟等害虫。或用2.5%高效氟氯氰菊酯乳油1.5~2毫升加水1~3升喷雾。或用2.5%虫酰肼乳油1.5~2.5毫升加水1~3升喷雾。

214 怎样识别斜纹叶蛾？发生有何特点？如何防治？

斜纹夜蛾又称莲纹夜蛾、莲纹夜盗蛾，是杂食暴食性害虫，全国各地均有发生。危害豆类等多种作物。

斜纹夜蛾成虫体长14~20毫米，翅展35~40毫米，头、胸、腹均深褐色。前翅灰褐色，斑纹复杂，在环状纹与肾状纹间，自前缘向后缘外方有3条白色斜线，故名斜纹夜蛾。后翅白色，无斑纹。卵扁半球形，直径0.4~0.5毫米，初产黄白色，后转淡绿；老熟幼虫体长35~47毫米，头部黑褐色，体色有土黄色、青黄色、灰褐色或暗绿色，背线、亚背线及气门下线均为灰黄色及橙黄色；蛹长约15~20毫米，赭红色。

斜纹夜蛾初孵幼虫群集危害，2龄后逐渐分散取食叶肉，4龄后进入暴食期，5～6龄幼虫占总食量的90%。幼虫咬食叶片，花和果实。咬食叶片时形成孔洞或缺刻，严重时可将全菜地作物吃成光杆。

斜纹夜蛾成虫昼伏夜出，以晚上8～12时活动最盛，有趋光性和需要补充营养习性，对糖、酒、醋液及发酵物质有趋性。成虫将卵产在植株中部叶片背面的叶脉分叉处，每雌产卵3～5块，每块约100多粒。幼虫有成群迁移的习性，有假死性。高龄幼虫进入暴食期后，白天一般躲在阴暗处或土缝中，多在傍晚后出来危害。老熟幼虫在1～3毫米表土内或枯枝败叶下化蛹。多在7～8月大发生。

防治时，首先要清除菜地及地边杂草，灭除虫卵和初孵幼虫。在地块间设胡萝卜、甘薯、豆饼发酵液加少量的红糖和杀虫剂，诱集成虫。其次，可以利用黑光灯、频振式灯诱蛾。灯具高度1.2～1.5米，7～9月份每晚开灯9小时。

采取药剂防治，在幼虫3龄前，为点片发生阶段，可结合田间管理，进行挑治，不必全田喷药。4龄后夜出活动，因此施药应在傍晚前后进行。药剂可选用10%氯氰菊酯乳油1500倍液，或25%氯氰菊酯乳油1000～2000倍液，或10%高效氯氰菊酯乳油2000～3000倍液，或2.5%三氟氯氰菊酯乳油1000～1500倍液，或48%乐斯本乳油1000倍液等。每隔10天喷施1次，共防治2～3次。

附件一

无公害食品结球甘蓝生产技术规程

NY/T5009 -2001

1　范围

本标准规定了无公害结球甘蓝生产技术管理措施。

本标准适用了无公害结球甘蓝的生产。

2　规范性引用文件

下列文件中的条款通过本标准的引用而成为本标准的条款。凡是注日期的引用文件，其随后所有的修改单(不包括勘误的内容)或修订版均不适用于本标准，然而，鼓励根据本标准达成协议的各方研究是否可使用这些文件的最新版本。凡是不注日期的引用文件，其最新版本适用于本标准。

GB4285：农药安全使用标准

GB/T8321(所有部分)：农药合理使用准则

GB16715.4—1999：瓜菜作物种子甘蓝类

NY5010：无公害食品蔬菜产地环境条件

3　术语和定义

下列术语和定义适用于本标准。

未熟抽薹：越冬的幼苗如果太大(大于0.6厘米)，在冬季长期的低温下，必将通过春化阶段，到次年春暖日长的时候，就会通过光照阶段并抽薹开花，而不形成叶球。

4　要求

4.1　产地环境

产地环境质量应符合NY5010的规定。

4.2　生产管理措施

4.2.1　栽培季节的划分

4.2.1.1　春甘蓝：冬、春育苗，春定植，夏收获。

4.2.1.2　夏甘蓝：早春育苗，晚春定植，夏、秋收获。

4.2.1.3　夏秋甘蓝：春夏育苗，夏定植，秋收获。

4.2.1.4　秋甘蓝：夏季育苗，夏、秋定植，秋、冬收获。

4.2.1.5　冬甘蓝：夏、秋育苗，秋、冬定植，冬、春收获。

4.2.2　育苗

4.2.2.1　育苗设施

4.2.2.1.1　改良阳畦：跨度约3米，高度约1.3米，有保温和采光维护结构，东西向延长。

4.2.2.1.2　塑料棚：采用塑料薄膜覆盖，其骨架常用竹、木、钢材或复合材料建造而成。主要包括以下三种棚型：

a)塑料小棚：矢高0.6~1.0米，跨度1.0~3.0米，长度不限。

b)塑料中棚：矢高1.5~2.0米，跨度4.0~6.0米，长度不限。

c)塑料大棚：矢高2.5~3.0米，跨度6.0~12.0米，长度30.0~60.0米。

4.2.2.1.3　日光温室：由采光和保温维护结构组成，以塑料薄膜为透明覆盖材料，东西延长。

4.2.2.1.4　连栋温室：单栋跨度6~8米、顶高4~6米，二连栋以上的大型保护设施，以塑料、玻璃等为透明覆盖材料、钢材为骨架。

4.2.2.2　育苗方式

根据栽培季节和方式，可在改良阳畦、塑料棚、温室、温床和露地育苗。有条件的可采用工厂化育苗。夏秋露地育苗要有防雨、防旱、遮荫设施。

4.2.2.3　品种选择

早春塑料拱棚、春甘蓝选用抗逆性强、耐抽薹、商品性好的早熟品种；夏甘蓝选用抗病性强、耐热的品种；秋甘蓝选用优质、高产、耐贮藏的中晚熟品种。

4.2.2.4　种子质量

符合GB 16715.4－1999中的二级以上要求。

4.2.2.5　催芽

将浸好的种子捞出洗净后，稍加晾干后用湿布包好，放在20~25℃处催芽，每天用清水冲洗一次，当20%种子萌芽时，即可播种。

4.2.2.6 育苗床准备

4.2.2.6.1 床土配制：选用近三年来未种过十字花科蔬菜的肥沃园土2份与充分腐熟的过筛圈肥1份配合，并按每立方米加N：P_2O_5：K_2O为15∶15∶15的三元复合肥1千克或相应养分的单质肥料混合均匀待用。将床土铺入苗床，厚度约10厘米。

4.2.2.6.2 床土消毒：用50%多菌灵可湿性粉剂与50%福美可湿性粉剂按1∶1比例混合，或25%甲霜灵可湿性粉剂与70%代森锰锌可湿性粉剂按9∶1比例混合，按每平方米用药8~10克与4~5千克过筛细土混合，播种时三分之二铺于床面，三分之一覆盖在种子上。

4.2.2.7 播种

4.2.2.7.1 播种期：根据当地气象条件和品种特性，选择适宜的播期。最好选用温室育苗，推迟播种期，缩短育苗期，减少低温影响，防止未熟抽薹。

4.2.2.7.2 播种方法：浇足底水，水渗后覆一层细土（或药土），将种子均匀撒播于床面，覆土0.6~0.8厘米。露地夏秋育苗，使用小拱棚或平棚育苗，覆盖遮阳网或旧薄膜，遮阳防雨。

4.2.2.8 苗期管理

4.2.2.8.1 温度：见表1

表1 苗期温度管理

时期	白天适宜温度（℃）	夜间适宜温度（℃）
播种至齐苗	20~25	16~15
齐苗至分苗	18~23	15~13
分苗至缓苗	20~25	16~14
缓苗至定植前10天	18~23	15~12
定植前10天至定植	15~20	10~8

4.2.2.8.2 分苗：当幼苗1片~2片真叶时，分苗在营养钵内，摆入苗床。

4.2.2.8.3 分苗后管理：缓苗后划锄2~3次，床土不旱不浇水，浇水宜浇水小水或喷水，定植前7天浇透水，1~2天后起苗囤苗，并进行低温炼苗。露地夏秋育苗，分苗后要用遮阳网防暴雨，有条件的还要扣22目防早网防虫。同时既要防止床土过干，也要在雨后及时排除苗床积水。

4.2.2.8.4　壮苗标准：植株健壮，6～8片叶，叶片肥厚蜡粉多，根系发达，无病虫害。

4.2.3　定植前准备

4.2.3.1　前茬：为非十字花科蔬菜。

4.2.3.2　整地：北方露地栽培采用平畦，塑料拱棚采用半高畦。南方作深沟高畦。

4.2.3.3　基肥：有机肥与无机肥相结合。在中等肥力条件下，结合整地每亩施优质有机肥（以优质腐熟猪厩肥为例）3000～4000千克，配合施用氮、磷、钾肥。有机肥料需达到规定的卫生标准，见附录A（规范性附录）。

4.2.3.4　设防虫网阻虫：温室大棚通风口用防虫网密封阻止蚜虫进入。夏季高温季节，在害虫发生之前，用防虫网覆盖大棚和温室，阻止小菜蛾、菜青虫、夜蛾科害虫等迁入。

4.2.3.5　银灰膜驱蚜：铺银灰色地膜，或将银灰膜剪成10～15厘米宽的膜条，膜条间距10厘米，纵横拉成网眼状。

4.2.3.6　棚室消毒：45%百菌清烟剂，每亩用180克，密闭烟熏消毒。

4.2.4　定植

4.2.4.1　定植期：春甘蓝一般在春季土壤化冻、重霜过后定植。

4.2.4.2　定植方法：采用大小行定植，覆盖地膜。

4.2.4.3　定植密度：根据品种特性、气候条件和土壤肥力，北方每亩定植早熟种4000～6000株，中熟种2200～3000株，晚熟种1800～2200株。南方每亩定植早熟品种3500～4500株，中熟品种3000～3500株，迟熟品种1600～2000株。

4.2.5　定植后水肥管理

4.2.5.1　缓苗期：定植后4～5天浇缓苗水，随后结合中耕培土1～2次。北方棚室要增温保温，适宜的温度白天20～22℃，夜间10～12℃，通过加盖草苫，内设小拱棚等措施保温。南方秋、冬甘蓝生长前期天气炎热干旱，应适当多浇水，以保持土壤湿润。

4.2.5.2　莲座期：通过控制浇水而蹲苗，早熟种6～8天，中晚熟种10～15天，结束蹲苗后要结合浇水每亩追施氮肥（N）3～5千克，同时用0.2%的硼砂溶液叶面喷施1～2次。棚室温度控制在白天15～20℃，夜间8

~10℃。

4.2.5.3　结球期：要保持土壤湿润。结合浇水追施氮肥(N)2~4 千克，钾肥(K_2O)1~3 千克。同时用 0.2% 的磷酸二氢钾溶液叶面喷施 1~2 次。结球后期控制浇水次数和水量。北方棚室栽培浇水后要放风排湿，室温不宜超过25℃，当外界气温稳定在15℃时可撤膜。南方梅雨、暴雨季节，应注意及时排水。收获前 20 天内不得追施无机氮肥。

4.2.6　病虫害防治

4.2.6.1　病虫害防治原则

贯彻“预防为主，综合防治”的植保方针，通过选用抗性品种，培育壮苗，加强栽培管理，科学施肥，改善和优化菜田生态系统，创造一个有利于结球甘蓝生长发育的环境条件；优先采用农业防治、物理防治、生物防治，配合科学合理地使用化学防治，将结球甘蓝有害生物的为害控制在允许的经济阈值以下，达到生产安全、优质的无公害结球甘蓝的目的。

4.2.6.2　物理防治

4.2.6.2.1　设置黄板诱杀蚜虫：用 10 厘米 ×20 厘米的黄板，按照 30~40 块/亩的密度，挂在行间或株间，高出植株顶部，诱杀蚜虫，一般 7~10 天重涂一次机油。

4.2.6.2.2　利用黑光灯诱杀害虫。

4.2.6.3　药剂防治

4.2.6.3.1　严格执行国家有关规定，不应使用高毒、高残留农药，见附录 B(规范性附录)。

4.2.6.3.2　使用药剂防治时，要严格执行 GB4285 和 GB/T8321，见附录 C(规范性附录)。

4.2.6.3.3　病害防治

4.2.6.3.3.1　霜霉病

a)每亩用45% 百菌清烟剂 110~180 克，傍晚密闭烟熏。7 天熏一次，连熏 3~4 次。

b)用 80% 代森锰锌 600 倍液喷雾预防病害发生。

c)发现中心病株后用 40% 三乙膦酸铝可湿性粉剂 150~200 倍液，或 72.2% 霜霉威水剂 600~800 倍液，或 75% 百菌清可湿性粉剂 500 倍液，或 72% 霜脲锰锌 600~800 倍液。或 69% 安克锰锌 500~600 倍液喷雾，交替、轮换使用7~10天1次，连续防治2~3次。

4.2.6.3.3.2　黑斑病：发病初期用75%百菌清可湿性粉剂500~600倍液，或50%异菌脲可湿性粉剂1500倍液，7~10天1次，连续防治2~3次。

4.2.6.3.3.3　黑腐病：发病初期用14%络氨铜水剂600倍液，或77%氢氧化铜可湿性粉剂500倍液，或72%农用链霉素可溶性粉剂4000倍液，7~10天1次，连喷2~3次。

4.2.6.3.3.4　菌核病：用40%菌核净1500~2000倍液，或50%腐霉剂1000~1200倍液，在病发生初期开始用药，间隔7~10天连续防治2~3次。

4.2.6.3.3.5　软腐病：用72%农用链霉素可溶性粉剂4000倍液，或77%氢氧化铜400~600倍液，在病发生初期开始用药，间隔7~10天连续防治2~3次。

4.2.6.3.4.1　菜青虫

a)卵孵化盛期选用苏云金杆菌(Bt)可湿性粉剂1000倍液，或5%定虫隆乳油1500~2500倍液喷雾。

b)在低龄幼虫发生高峰期，选用2.5%氯氟氰菊酯乳油2500~5000倍液，或10%联苯菊酯乳油1000倍液，或50%辛硫磷乳油1000倍液，或1.8%齐墩螨素3000~4000倍液喷雾。

4.2.6.3.4.2　小菜蛾：于2龄幼虫盛期用5%氟虫腈悬浮剂每亩17~34毫升，加水50~75升，或5%定虫隆乳油1500~2000倍液，或1.8%齐墩螨素乳油3000倍液，或苏云金杆菌(Bt)可湿性粉剂1000倍液喷雾。以上药剂要轮换、交替使用。

4.2.6.3.4.3　蚜虫：用50%抗蚜威可湿性粉剂2000~3000倍液，或10%吡虫啉可湿性粉剂1500倍液，或3%啶虫脒3000倍液，或5%啶·高氯3000倍液喷雾，6~7天喷1次，连喷2~3次。用药时可加入适量展着剂。

4.2.6.3.4.4　夜蛾科害虫：在幼虫3龄前用5%定虫隆乳油1500~2500倍液，或37.5%硫双灭多威悬浮剂1500倍液，或52.25%毒·高氯乳油1000倍液，或20%虫酰肼1000倍液喷雾，晴天傍晚用药，阴天可全天用药。

4.2.7　适时采收

根据甘蓝的生长的情况和市场的需求，陆续采收上市。在叶球大小定型，紧实度达到八成时即可采收，上市前可喷洒500倍液的高脂膜，防止叶片失水萎蔫，影响经济价值。同时，去其黄叶或有病虫斑的叶片，按照球的大小进行分级包装。

附录 A　（规范性附录）有机肥卫生标准

项　目		卫生标准及要求
高温堆肥	堆肥温度	最高堆温达 50～55℃，持续 5～7 天
	蛔虫卵死亡率	95%～100%
	粪大肠菌值	10^{-1}～10^{-2}
	苍蝇	有效地控制苍蝇滋生，肥堆周围没有活的蛆、蛹或新羽化的成蝇
	密封贮存期	30 天以上
沼气发酵肥	高温沼气发酵温度	(53±2)℃，持续 2 天
	寄生虫卵沉降率	95%以上
	血吸虫卵和钩虫卵	在使用粪液中不得检出活的血吸虫卵和钩虫卵
	粪大肠菌值	普通沼气发酵 10^{-4}，高温沼气发酵 10^{-1}～10^{-2}
	蚊子、苍蝇	有效地控制蚊蝇滋生，粪液中无孑孓。池的周围无活的蛆、蛹或新羽化的成蝇
	沼气池残渣	经无害化处理后方可用作农肥

附录 B　（规范性附录）无公害甘蓝生产中禁止使用的农药品种

甲拌磷(3911)、治螟磷(苏化 203)、对硫磷(1605)、甲基对硫磷(甲基 1605)、内吸磷(1059)、杀螟威、久效磷、磷胺、甲胺磷、异丙磷、三硫磷、氧化乐果、磷化锌、磷化铝、甲基硫环磷、甲基异柳磷、氰化物、克百威、氟乙酰胺、砒霜、杀虫脒、西力生、赛力散、溃疡净、氯化苦、五氯酚、二溴氯丙烷、401、六六六、滴滴涕、氯丹及其他高毒、高残留农药。

附录C （规范性附录）农药合理使用准则（甘蓝常用农药部分）

农药名称	剂型	常用药量克（毫升）/（次·亩）	施药方法	最多施药次数（每季作物）	安全间隔期（天）
敌敌畏	80%乳油	100～200毫升	喷雾	5	≥5
乐果	40%乳油	50～100毫升	喷雾	≥10	
辛硫磷	50%乳油	50～100毫升	喷雾	3	≥6
敌百虫	90%固体	50～100克	喷雾	5	≥7
氯氰菊酯	10%乳油	20～30毫升	喷雾	3	≥5
溴氰菊酯	2.5%乳油	20～40毫升	喷雾	3	≥2
氰戊菊酯	20%乳油	15～40毫升	喷雾	3	≥5（夏菜） ≥12（秋菜）
甲氰菊酯	20%乳油	25～50毫升	喷雾	3	≥3
氯氟氰菊酯	2.5%乳油	25～50毫升	喷雾	3	≥7
顺式氰戊菊酯	5%乳油	10～20毫升	喷雾	3	≥3
顺式氯氰菊酯	10%乳油	5～10毫升	喷雾	3	≥3
抗蚜威	50%可湿性粉剂	10～30克	i喷雾	3	≥11
抑太保	5%乳油	40～80毫升	i喷雾	3	≥7
毒死蜱	40.7%乳油	50～75毫升	i喷雾	3	≥7
齐墩螨素	1.8%乳油	30～50毫升	i喷雾	1	≥7
百菌清	75%可湿性粉剂	100～120克	喷雾	3	≥10
琥胶肥酸铜	30%悬浮剂	150～300毫升	喷雾	4	≥3
氢氧化铜	77%可湿性粉剂	134～200克	喷雾	3	≥3

附件二

中华人民共和国农业行业标准

NY/T746—2003

绿色食品甘蓝类蔬菜

Green food—Cabba gevege tables

1　范围

本标准规定了绿色食品甘蓝类蔬菜的要求、试验方法、检验规则、标志、包装、运输和贮存等。

本标准适用于绿色食品甘蓝类蔬菜。

2　规范性引用文件

下列文件中的条款通过本标准的引用而成为本标准的条款。凡是注日期的引用文件，其随后所有的修改单(不包括勘误的内容)或修订版均不适用于本标准，然而，鼓励根据本标准达成协议的各方研究是否可使用这些文件的最新版本。凡是不注日期的引用文件，其最新版本适用于本标准。

GB/T5009.11 食品中总砷及无机砷的测定

GB/T5009.12 食品中铅的测定

GB/T5009.15 食品中镉的测定

GB/T5009.17 食品中总汞及有机汞的测定

GB/T5009.18 食品中氟的测定

GB/T5009.20 食品中有机磷农药残留量的测定

GB/T5009.105 黄瓜中百菌清残留量的测定

GB/T5009.110 植物性食品中氯氰菊酯、氰戊菊酯和溴氰菊酯残留量的测定

GB/T5009.126 植物性食品中三唑酮残留量的测定

GB/T5009.188 蔬菜、水果中甲基托布津、多菌灵的测定

GB/T6195 水果、蔬菜维生素 C 含量测定方法(2，6-二氯靛酚滴定法)

GB/T8855 新鲜水果和蔬菜的取样方法

GB/T15401 水果、蔬菜及其制品亚硝酸盐和硝酸盐含量的测定

NY/T391 绿色食品产地环境技术条件

NY/T655 绿色食品茄果类蔬菜

NY/T658 绿色食品包装通用准则

3　术语和定义

NY/T655 确立的术语和定义适用于本标准。

4　要求

4.1　环境

产地环境条件应符合 NY/T391 的要求。

4.2　感官

感官应符合表 1 的规定。

表 1　绿色食品甘蓝类蔬菜感官要求

品　质	规格	限度
1　同一品种或相似品种，成熟适度，紧实，色泽正，新鲜，清洁 2　无腐烂、散花、畸形、开裂、抽薹、异味、灼伤、冷害、冻害、病虫害及机械伤	同规格的样品其整齐应≥90%	每批样品中不符合品质要求的样品按质量计总不合格率不应超过 5%

4.3　营养指标

营养指标应符合表 2 的要求

表 2　绿色食品甘蓝类蔬菜营养指标(单位：毫克/100 克)

项目	结球甘蓝	花椰花	青花菜	芥蓝	苤蓝
维生素 C	≥40	≥60	≥50	≥70	≥40

注：本标准中的指标仅作参考，不作为判定依据。

4.4　卫生指标

卫生指标应符合表 3 的要求

表3　绿色食品甘蓝类蔬菜卫生指标(单位：毫克/千克)

序号	项　目	指标
1	砷(以As计)	≤0.2
2	汞(以Hg计)	≤0.01
3	铅(以Pb计)	≤0.1
4	镉(以Cd计)	≤0.05
5	氟(以F计)	≤0.5
6	乙酰甲胺磷(acephate)	≤0.02
7	乐果(dimethoate)≤1	
8	毒死蜱(chlorpyrifos)	≤0.05
9	敌敌畏(dichlorvos)	≤0.1
10	氯氰菊酯(cypermethrin)	≤0.5
11	溴氰菊酯(deltamethrin)	≤0.1
12	氰戊菊酯(fenvalerate)	≤0.02
13	三唑酮(triadimefon)	≤0.2
14	百菌清(chlorothalonil)	≤0.01
15	多菌灵(carbendazim)	≤0.1
16	亚硝酸盐(以 $NaNO_2$ 计)	≤2

注：其他农药参照《农药管理条例》和有关农药残留限制标准。

5　试验方法

5.1　感官要求的检测

5.1.1　按GB/T8855的规定，随机抽取结球甘蓝样品5个，或花椰菜、青花菜10个，其他橄榄类蔬菜取2~3千克。用目测法进行品种特征、清洁、腐烂、开裂、冻害、散花、畸形、抽薹、灼伤、病虫害及机械伤害等项目的检测。病虫害症状不明显而有怀疑者，应用刀剖开检测。异味用嗅的方法检测。

5.1.2　用台秤称量每个样品的质量，按下述方法计算整齐度：样品的平均质量乘以(1±8%)。

5.2　维生素C的检测

按GB/T6195规定执行。

5.3　卫生指标的检测

5.3.1　砷：按GB/T5009.11规定执行。

5.3.2　铅：按GB/T5009.12规定执行。

5.3.3　镉：按GB/T5009.15规定执行。

5.3.4　汞：按GB/T5009.17规定执行。

5.3.5　氟：按GB/T5009.18规定执行。

5.3.6　氯氰菊酯、溴氰菊酯、氰戊菊酯：按GB/T5009.110规定执行。

5.3.7　乙酰甲胺磷、乐果、毒死蜱、敌敌畏：按GB/T5009.20规定执行。

5.3.8　百菌清：按GB/T5009.105规定执行。

5.3.9　三唑酮：按GB/T5009.126规定执行。

5.3.10　多菌灵：按GB/T5009.188规定执行。

5.3.11　亚硝酸盐：按GB/T15401规定执行。

6　检验规则

6.1　检验分类

6.1.1　型式检验

型式检验是对产品进行全面考核，即对本标准规定的全部要求进行检验。有下列情形之一者应进行型式检验：

a)申请绿色食品标志或进行绿色食品年度抽查检验；

b)国家质量监督机构或主管部门提出型式检验要求；

c)前后两次抽样检验结果差异较大；

d)生产环境发生较大变化。

6.1.2　交收检验

每批产品交收前，生产单位都要进行交收检验。交收检验内容包括感官、标志和包装。检验合格后并附合格证方可交收。

6.2　组批检验

同产地、同规格、同时采收的甘蓝类蔬菜作为一个检验批次。批发市场同产地、同规格的甘蓝类蔬菜作为一个检验批次。超市相同进货渠道的甘蓝类蔬菜作为一个检验批次。

6.3　抽样方法

按照 GB/T8855 中的有关规定执行。

报验单填写的项目应与实货相符，凡与实货单不符，品种、规格混淆不清，包装容器严重损坏者。应由交货单位重新整理后再行抽样。

6.4　包装检验

按第 8 章的规定进行。

6.5　判定规则

6.5.1　每批受检样品抽样检验时，对不符合感官要求的样品做各项记录。如果一个样品同时出现多种缺陷，选择一种主要的缺陷，按一个残次品计算。不合格品的百分率按式(1)计算，计算结果精确到小数点后一位。

$$X = m_1 / m_2 \qquad (1)$$

式中：

X——单项不合格百分率；

m_1——单项不合格品的质量；

m_2——检验批次样本的总质量。

各单项不合格百分率之和即为总不合格百分率。

6.5.2　限度范围：每批受检样品，不合格率按其所检单位(如每箱、每袋)的平均值计算，其值不应超过所规定限度。

如同一批次某件样品不合格百分率超过规定的限度时，为避免不合格率变异幅度太大，规定如下：规定限度总计不超过 5% 者，则任一件包装不合格百分率的上限不应超过 8%。

6.5.3　卫生指标有一项不合格，该批次产品为不合格。

6.5.4　复验：该批次样本标志、包装、净含量不合格者，允许生产单位进行整改后申请复验一次。感官和卫生指标检测不合格不进行复验。

7　标志

7.1　包装上应明确标明绿色食品标志。

7.2　每一包装上应标明产品名称、产品的标准编号、商标、生产单位(或企业)名称、详细地址、产地、规格、净含量和包装日期等，标志上的字迹应清晰、完整、准确。

8　包装、运输和贮存

8.1　包装

8.1.1 用于产品包装的容器如塑料箱、纸箱等应按产品的大小规格设计，同一规格应大小一致，整洁、干燥、牢固、透气、无污染、无异味，内壁无尖突物，无虫蛀、腐烂、霉变等，纸箱无受潮、离层现象。包装应符合：NY/T658 的要求。

8.1.2 按产品的品种、规格分别包装，同一件包装内的产品应摆放整齐紧密。

8.1.3 每批产品所用的包装、单位质量应一致。

8.1.4 逐件称量抽取的样品。每件的净含量应不低于包装外标志的净含量。根据检测的结果，检查与包装外所示的规格是否一致。

8.2 运输

运输前应进行预冷。运输过程中注意防冻、防雨淋、防晒、通风散热。

8.3 贮存

8.3.1 贮存时应按品种、规格分别贮存。

8.3.2 贮存的适宜温度为：结球甘蓝 -0.6～-1℃，花椰菜 0～3℃，青花菜0℃左右，芥蓝和苤蓝 2～3℃。贮存的适宜湿度：结球甘蓝和苤蓝 90%左右，青花菜和芥蓝 95%左右，花椰菜 90%～95%。

8.3.3 库内堆码应保证气流均匀流通。

参考文献

[1] 李建斌，吴力人，丁万霞等．结球甘蓝优质无公害生产技术[J]．江苏农业科学，2005(6)：91～93
[2] 陈小央，戈加欣，骆义成等．浙江省出口型秋冬甘蓝生产技术[J]．中国蔬菜，2006(7)：43～44
[3] 韩灿功，孙喜花，张清华等．我国秋甘蓝良种分类及其生产应用[J]．当代蔬菜，2006(9)：18～19
[4] 许开华．播种期和苗龄对紫甘蓝结球特性的影响[J]．中国蔬菜，2001(4)：31
[5] 束海刚．日光温室紫甘蓝栽培技术[J]．种子科技，2002(3)：182
[6] 高丽朴，郑淑芳．紫甘蓝贮藏技术[J]．蔬菜，2005(12)：29
[7] 杨暹，杨运英．苗期温度对芥蓝花芽分化、产量与品质形成的影响[J]．华南农业大学学报(自然科学版)，2002，23(2)：5～7
[8] 高振茂，王红宾．秋大棚抱子甘蓝高效栽培技术[J]．农业科技通讯，2001(6)：18
[9] 张淑霞，吴旭银．球茎甘蓝鲜、干重变化及需肥规律的研究[J]．河北农业技术师范学院学报 1998，12(2)：26～29

“农民致富关键技术问答丛书”(配 VCD 光盘)

1	《优质板栗无公害生产关键技术问答》	定价 15 元
2	《优质草莓无公害生产关键技术问答》	定价 15 元
3	《袖珍西瓜无公害生产关键技术问答》	定价 10 元
4	《甜瓜无公害生产关键技术问答》	定价 10 元
5	《优质苹果无公害生产关键技术问答》	定价 15 元
6	《设施葡萄无公害栽培关键技术问答》	定价 20 元
7	《优质桃无公害生产关键技术问答》	定价 18 元
8	《优质葡萄无公害生产关键技术问答》	定价 18 元
9	《优质鲜枣无公害生产关键技术问答》	定价 18 元
10	《杏扁高产稳产关键技术问答》	定价 6 元
11	《优质李无公害生产关键技术问答》	定价 15 元
12	《优质柿子无公害生产关键技术问答》	定价 15 元
13	《果树苗圃综合经营问答》	定价 15 元
14	《果园综合经营问答》	定价 15 元
15	《棚室樱桃无公害生产关键技术问答》	定价 10 元
16	《优质核桃无公害生产关键技术问答》	定价 15 元
17	《木耳高效益生产关键技术问答》	定价 10 元
18	《香菇高效益生产关键技术问答》	定价 15 元
19	《金针菇高效益生产关键技术》	定价 10 元
20	《草菇高效益生产关键技术问答》	定价 10 元
21	《杏鲍菇高效益生产关键技术问答》	定价 10 元
22	《白灵菇高效益生产关键技术问答》	定价 10 元
23	《双孢蘑菇高效益生产关键技术问答》	定价 15 元
24	《平菇高效益生产关键技术问答》	定价 10 元
25	《黄瓜亩产万元关键技术问答》	定价 15 元
26	《花菜、绿菜花亩产 5000 元关键技术问答》	定价 15 元
27	《南瓜亩产万元关键技术问答》	定价 15 元
28	《西葫芦亩产万元关键技术问答》	定价 15 元
29	《冬瓜丝瓜苦瓜瓠子亩产万元关键技术问答》	定价 15 元
30	《番茄亩产万元关键技术问答》	定价 15 元
31	《辣椒亩产万元关键技术问答》	定价 15 元
32	《棚室茄子亩产万元关键技术问答》	定价 15 元

33	《甘蓝亩产5000元关键技术问答》	定价15元
34	《生姜高产关键技术问答》	定价15元
35	《芦笋无公害栽培关键技术问答》	定价15元
36	《南美白对虾高效益养殖关键技术问答》	定价15元
37	《无公害河虾高效益养殖关键技术问答》	定价15元
38	《林蛙高效益养殖诀窍关键技术问答》	定价10元
39	《无公害养蜂及蜂产品生产关键技术问答》	定价15元
40	《快速养猪关键技术问答》	定价10元
41	《猪病诊断和防治关键技术问答》	定价10元
42	《肉牛快速养殖关键技术问答》	定价15元
43	《奶牛无公害高产养殖关键技术问答》	定价15元
44	《优质肉羊快速养殖关键技术问答》	定价10元
45	《肉兔快速养殖关键技术问答》	定价10元
46	《优质毛用兔养殖关键技术问答》	定价10元
47	《獭兔高效益养殖关键技术问答》	定价10元
48	《肉鸡高效益养殖关键技术问答 》	定价15元
49	《蛋鸡年产280枚蛋养殖关键技术问答》	定价10元
50	《土鸡高效益养殖关键技术问答》	定价10元
51	《鸡病诊断和防治关键技术问答》	定价10元
52	《优质肉鸭高效益养殖关键技术问答》	定价15元
53	《蛋鸭500日龄产300枚蛋养殖关键技术问答》	定价10元
54	《番鸭快速养殖关键技术问答》	定价10元
55	《鸭病诊断和防治关键技术问答》	定价10元
56	《鹅无公害高效益养殖关键技术问答》	定价10元
57	《鹌鹑快速养殖关键技术问答 》	定价10元
58	《优质甲鱼无公害养殖关键技术问答》	定价10元
59	《优质河蟹无公害养殖关键技术问答》	定价10元
60	《池塘无公害养鱼高效益关键技术问答》	定价10元
61	《棚室的建造及管理》	定价10元
62	《茶叶无公害高效益生产关键技术问答》	定价10元
63	《农家观光园经营高效益诀窍》	定价10元
64	《苗圃综合经营关键技术问答》	定价10元
65	《棚室蔬菜病虫害防治关键技术问答》	定价15元
66	《农药科学使用知识问答》	定价10元